室内设计新视点·新思维·新方法丛书

朱淳 / 丛书主编

U0301304

INTERIOR DESIGN: DRAWING BY CAD

室内设计制图与CAD

周红旗 / 编著

化学工业出版社

·北京·

《室内设计新视点·新思维·新方法丛书》 编委会名单

丛书主编：朱　淳
丛书编委（排名不分前后）：余卓立　　郭　强　　王乃霞　　王乃琴
　　　　　　　　　　　　　周红旗　　黄雪君　　陆　玮　　张　毅

内容提要

　　本书以简体中文版AutoCAD2019作为设计软件，结合各种室内设计工程的特点，介绍了在现代室内设计中，如何使用AutoCAD绘制各种室内空间的平面、地面、顶棚平面和立面等相关图纸时的方法与技巧。本书力求以简练的语言、直观的图解和典型的设计案例，由浅入深，从易到难地将室内设计施工图绘制的基本方法和规范传授给读者。

　　本书通俗易懂，结构清晰，实用性强，层次性和技巧性突出，不仅适合室内设计、环境设计专业AutoCAD初学者和爱好者学习使用，也可作为大中专院校相关专业的教材。

　　为了提高读者的学习效率，本书配备了全书实例的源文件和素材，方便按照书中实例操作时直接调用，帮助读者快速掌握AutoCAD2019的操作和实践应用。请扫描下方的二维码获取资源。

扫描二维码下载素材

图书在版编目（CIP）数据

室内设计制图与CAD ／ 周红旗编著. —北京：化学
工业出版社，2020.1（2024.8重印）
（室内设计新视点·新思维·新方法丛书/朱淳主编）
ISBN 978-7-122-35749-6

Ⅰ. ①室… Ⅱ. ①周… Ⅲ. ①室内装饰设计-计算机
辅助设计-AutoCAD软件 Ⅳ. ① TU238.2-39

中国版本图书馆CIP数据核字（2019）第260675号

责任编辑：徐　娟　冯国庆　　　　　　　　　装帧设计：周红旗
责任校对：张雨彤　　　　　　　　　　　　　封面设计：刘丽华

出版发行：化学工业出版社（北京市东城区青年湖南街13号　邮政编码100011）
印　　装：涿州市般润文化传播有限公司
889mm×1194mm　1/16　印张10　字数250千字　2024年8月北京第1版第6次印刷

购书咨询：010-64518888　　售后服务：010-64518899
网　址：http://www.cip.com.cn
凡购买本书，如有缺损质量问题，本社销售中心负责调换。

定　　价：68.00元　　　　　　　　　　　　　　　版权所有　违者必究

丛 书 序

人类对生存环境做出主动的改变，是文明进化过程的重要内容。

在创造着各种文明的同时，人类也在以智慧、灵感和坚韧，塑造着赖以栖身的建筑内部空间。这种建筑内部环境的营造内容，已经超出纯粹的建筑和装修的范畴。在这种室内环境的创造过程中，社会、文化、经济、宗教、艺术和技术等无不留下深刻的烙印。因此，室内环境营造的历史，其实包含着建筑、艺术、装饰、材料和各种技术的发展历史，甚至包括社会、文化和经济的历史，几乎涉及了构成建筑内部环境的所有要素。

工业革命以后，特别是近百年来，由技术进步带来观念的变化，尤其是功能与审美之间关系的变化，是近代艺术与设计历史上最为重要的变革因素，由此引发了多次艺术和设计相关的改革运动，也促进了人类对自身创造力的重新审视。从19世纪末的"艺术与手工艺运动"（Arts & Crafts Movement）所倡导的设计改革，直至今日对设计观念的讨论，包括当今信息时代在室内设计领域中的各种变化，几乎都与观念的变化有关。这个领域的发展：从空间、功能、材料、设备、营造技术到当今各种信息化的设计手段，都是建立在观念改变的基础之上的。

在不同设计领域的专业化都有了长足进步的前提下，室内设计教育的现代化和专门化出现在20世纪的后半叶。"室内设计"（Interior Design）这一中性的称谓逐渐替代了"室内装潢"（Interior Decoration），名称的改变也预示着这个领域中原本占据主导的艺术或装饰的要素逐渐被技术、功能和其他要素取代了。

时至今日，现代室内设计专业已经不再是仅用"艺术"或"技术"即能简单地概括了。它包括对人的行为、心理的研究；时尚和审美观念的了解；建筑空间类型的多种改变；对功能与形式的重新认识；技术与材料的更新，以及信息化时代不可避免的设计方法与表达手段的更新等一系列的变化，无不在观念上彻底影响着室内设计的教学内容和方式。

本丛书的编纂正是基于这样的前提之下。本丛书除了注重各门课程教学上的特点外，更兼顾到同一专业方向下曾经被忽略的一些课程，如室内绿化及微景观；还有从用户心理与体验来研究室内设计的课程，如环境心理学；以及作为室内设计主要专项拓展的课程，如办公空间设计；同时也更加注重各课程之间知识的系统性和教学的合理衔接，从而形成室内设计专业领域内，更专业化、更有针对性的教材体系。

本丛书在编纂上以课程教学过程为主导，通过文字论述该课程的完整内容，同时突出课程的知识重点及专业知识的系统性与连续性，在编排上辅以大量的示范图例、实际案例、参考图表及优秀作品鉴赏等内容。本丛书能够满足各高等院校环境设计学科及室内设计专业教学的需求，同时也对众多的从业人员、初学者及设计爱好者有启发和参考作用。

　　本丛书的出版得到了化学工业出版社领导的倾力相助，在此表示感谢。希望我们的共同努力能够为中国设计铺就坚实的基础，并达到更高的专业水准。

　　任重而道远，谨此纪为自勉。

朱 淳

2019年7月

目录
contents

第1章　室内设计概述　001

1.1　室内设计基础知识　001

1.2　人体工程学与室内设计　008

第2章　室内设计制图的基本知识　014

2.1　室内设计制图基础　014

2.2　室内设计制图的主要内容　015

2.3　室内设计制图的基本标准　019

2.4　常用材料图例　025

第3章　AutoCAD2019软件基本知识　027

3.1　AutoCAD2019的界面　027

3.2　AutoCAD2019软件的基本操作　029

第4章　二维图形绘制　038

4.1　线类图形绘制　038

4.2　点的绘制　043

4.3　封闭图形绘制　044

4.4　图案填充　047

第5章　二维图形编辑　050

5.1　选择对象　050

5.2　删除及分解图形　051

5.3　编辑对象　052

第6章　AutoCAD辅助工具使用　060

6.1　文字与表格　060

6.2　标注　065

| 6.3 | 常用辅助工具 | 070 |
| 6.4 | AutoCAD的打印方法与技巧 | 074 |

第7章 室内设计常用图块绘制 — **079**

7.1	绘图样板文件设置	079
7.2	常用家具图块绘制	082
7.3	常用厨卫图块绘制	090
7.4	电器与灯具图块绘制	096

第8章 居室空间施工图绘制 — **100**

8.1	居室空间室内设计分析	100
8.2	绘制小户型原始建筑平面图	101
8.3	绘制小户型平面布置图	106
8.4	绘制小户型地面铺装图	111
8.5	绘制小户型顶棚平面图	112
8.6	绘制小户型立面图	114

第9章 商业空间施工图绘制 — **116**

9.1	商业空间室内设计分析	116
9.2	绘制专卖店原始建筑平面图	118
9.3	绘制专卖店平面布置图	121
9.4	绘制专卖店地面铺装图	127
9.5	绘制专卖店顶棚平面图	129
9.6	绘制专卖店立面图	131

第10章 办公空间施工图绘制 — **133**

10.1	办公空间室内设计分析	133
10.2	绘制办公空间原始建筑平面图	136
10.3	绘制办公空间平面布置图	140
10.4	绘制办公空间地面铺装图	146
10.5	绘制办公空间顶棚平面图	148
10.6	绘制办公空间立面图	150

| **附录 AutoCAD常用快捷键** | **152** |

| **参考文献** | **154** |

第 1 章　室内设计概述

室内设计是根据建筑物的使用性质、所处环境和相应标准，运用物质技术手段和建筑设计原理，创造功能合理、舒适优美、满足人们物质和精神生活需要的室内环境。这一空间环境既具有使用价值，满足相应的功能要求，同时也反映了历史文脉、建筑风格、环境气氛等精神因素。本章的任务是认识室内设计的基本知识，了解室内设计的原则与要求，以便更好地为设计服务。

1.1　室内设计基础知识

1.1.1　室内设计的内容

室内设计是一门实用艺术，也是一门综合性科学。室内设计将实用性、功能性、艺术性与心理需求相结合，强调艺术设计的语言和艺术风格的体现，激发人们对美的感受，对自然的关爱，以及对生活质量的追求。室内设计是艺术与科学技术的结合体，它在规定人们行为的同时，又引导和改变着人们的生活。

随着社会的发展和生活环境质量的提高，现代室内设计呈现多元化发展，设计的内容丰富、范围广泛、层次也更加深入。现在对于室内设计来说，不仅要掌握室内环境的诸多客观因素，更要全面了解和认识室内设计的内容表达。

（1）室内空间整体设计

室内空间整体设计决定室内空间的尺度与比例，以及空间与空间之间的衔接、对比和统一等关系，最终达到整体效果的完美体现（见图1-1）。

（2）室内装饰装修设计

室内装饰装修设计主要对室内地面、墙面、顶棚等各界面进行装饰设计，进行实体与半实体的建筑结构的设计处理（见图1-2）。

（3）室内物理环境的设计

在室内空间中，还要充分考虑采光、通风、照明

图1-1　室内空间整体设计

图1-2　室内装饰装修设计

图1-3　室内陈设艺术设计

等方面的设计处理，并充分协调室内水暖电等设备的安装，使其布局合理，使用方便。

（4）室内陈设艺术设计

室内陈设艺术设计主要强调在室内空间中，进行家具、灯具、布艺、陈设艺术品以及绿化等方面的规划和处理。它们在室内空间中具有举足轻重的地位，既要满足一定的使用功能要求，还要具有美化环境的作用（见图1-3）。

简而言之，室内设计是在建筑内部空间进行的、以科学技术为基础、以艺术为表现形式、满足人们物质与精神需求、改善室内环境的一种创造性活动，它是技术、艺术与生活的结合。

1.1.2　室内设计的类型

室内设计可以按空间的功能需求分为两大类，即居住空间室内设计和公共建筑室内设计。不同类别的室内设计在设计内容和设计要求既有共同的内容，也有不同的方面，但是，不变的宗旨就是满足客户需求的空间才是合适的室内空间。

（1）居住空间室内设计

居住空间室内设计是指私人居住空间的设计，包括别墅、公寓和样板房设计。具体的设计类型有：客厅设计、餐厅设计、卧室设计、书房设计、厨房设计、卫生间设计等（见图1-4和图1-5）。同时也包括旧房改造，为特殊人群的设计，如老人、儿童或残疾人的住房设计

图1-4　客厅设计

图1-5　餐厅设计

（见图1-6）。设计师应与客户密切合作，共同创造舒适、安全和个性化的居住环境。

（2）公共建筑室内设计

公共建筑室内设计是围绕公共建筑空间形式，以人为中心，依据人的社会功能需求和审美需求，运用现代手段进行空间创造的活动。

① 文教建筑室内设计。主要涉及幼儿园、学校、图书馆、科研楼的室内设计。具体包括门厅、中庭、教室、活动室、阅览室、实验室、机房、资料室等室内设计（见图1-7）。

② 医疗建筑室内设计。主要涉及医院、社区诊所、疗养院等建筑的室内设计。具体包括门诊室、检查室、手术室和病房的室内设计（见图1-8）。

③ 办公建筑室内设计。主要涉及行政办公楼和商业办公楼内部的办公室、会议室以及报告厅的室内设计（见图1-9）。

④ 商业建筑室内设计。主要涉及商场、便利店、餐饮建筑的室内设计。具体包括营业厅、专卖店、酒吧、茶室、餐厅的室内设计（见图1-10）。

图1-8　医疗建筑室内设计

图1-6　儿童房设计

图1-9　办公建筑室内设计

图1-7　文教建筑室内设计

图1-10　商业建筑室内设计

⑤ 展览建筑室内设计。主要涉及各种美术馆、展览馆和博物馆的室内设计。具体包括陈列空间、公共空间、藏品库区空间、技术及办公空间等的室内设计（见图1-11）。

图1-11　展览建筑室内设计

图1-12　娱乐建筑室内设计

图1-13　体育建筑室内设计

⑥ 娱乐建筑室内设计。主要涉及各种舞厅、歌厅、会所、游艺厅的室内设计（见图1-12）。具体包括门厅、展演空间、游艺活动区、休息室、化妆室等的室内设计（见图1-13）。

⑦ 体育建筑室内设计。主要涉及各种类型的体育馆、游泳馆、健身房等的室内设计。具体包括体育项目的竞赛空间、训练空间及配套的辅助空间的室内设计（见图1-13）。

⑧ 交通建筑室内设计。主要涉及公路、铁路、水路、民航的车站、候机楼、码头等建筑室内设计。具体包括候机厅、候车室、候船厅、售票厅等的室内设计（见图1-14）。

（3）工业建筑室内设计

主要涉及各类厂房的工作空间和生活空间及辅助用房的室内设计（见图1-15）。

（4）农业建筑室内设计

主要涉及各类农业生产用房，如种植暖房、饲养房等的室内设计。

图1-14　交通建筑室内设计

图1-15　工业建筑室内设计

1.1.3 室内设计发展趋势

随着社会与科技的发展，室内设计出现了几种发展趋势。

（1）回归自然，追求绿色设计

高度现代化社会提高了生活质量，随着环境保护意识的增强，现代室内设计提倡低碳节能、追求绿色设计，提倡人与环境可持续性的发展观。因此，室内设计的发展趋势既讲究现代化，又注重与自然和谐发展（见图1-16）。

（2）艺术化、整体化发展

随着社会物质财富的丰富，空间形态重视创造具有表现力、艺术性和文化内涵的室内环境，使生活在现代社会高科技、高节奏中的人们，在心理上和精神上得到平衡。室内设计师要打造使室内设计达到最佳声、光、色、形的匹配效果，创造出富有艺术感的整体空间环境（见图1-17）。

（3）智能化、高科技化发展

随着新型材料和智能化产品设计的发展，室内设计正在向着智能化、高科技化的方向飞速前进，未来的室内设计将变得更加妙不可言。室内设计师既要重视科技，又要强调人情味，这样才能达到高技术与情感化相结合的最佳状态（见图1-18）。

（4）以人为本，个性化发展

大工业化生产给社会留下了同一化问题。现代物质与精神生活的丰富促使人们追求个性化。室内设计师在设计过程中要更强调"以人为本"的主题，考虑人的实际需求，创造让消费者满意的空间效果（见图1-19）。

图1-17 将中国园林的元素引入室内，通过隔断划分空间，既通透又注重私密；家具、装饰、绿植、灯光共同营造富有艺术感的空间环境

图1-18 展厅采用现代三维虚拟技术，利用现代科技打造空间效果

图1-16 卧室采用新中式设计，造型简洁的家具与具有民族特色的装饰结合在一起，空间具有独特的文化特征

图1-19 独特的装饰元素和茂盛的绿植，搭配活泼的家具形态将空间打造成惬意舒适的休闲区，表达室内空间与自然的和谐发展

1.1.4　室内设计的工作程序

室内设计是一种创造的艺术，在不断的设计与实施过程中，逐步将思维中的想象空间构筑在人们的现实生活之中。在想象与现实的延伸过程中，设计的进程可以分为设计准备阶段、方案设计阶段、设计施工阶段和设计评价阶段四大部分。

（1）设计准备阶段

设计准备阶段主要包括以下几个环节。

① 明确设计的任务，掌握所要解决的问题和目标。如室内空间的使用性质、功能特点、设计规模、总造价、等级标准、设计期限以及室内空间环境的文化氛围和艺术风格等。

② 收集资料，进行设计分析及可行性评估。如收集与设计任务有关的资料与信息；研究委托任务书及法规法律等，对项目及设计可行性进行评估。

③ 现场调研，深入研究空间结构。如了解所要设计的室内空间环境的情况；充分进行现场测量（见图1-20）；尽可能多地收集能够用于设计的资料，了解具体的墙体尺寸、门窗位置、梁柱分布状况、地面的起伏、顶棚的高度、插座的数量及位置、卫生间给排水管的位置等。

（2）方案设计阶段

① 设计定位。设计时需充分了解使用者，考虑使用者的人文、心理等各方面需求行为，这是将使用者的理想空间变为现实的第一步。如充分沟通了解设计的用户目标需求、设计定位、人机定位、预算定位等。

② 方案切入。在对设计项目的环境、功能、材料、风格进行综合分析后，设计师通过将感性思维和理性思维相结合，运用图形的方式，初步思考创意新颖的设计方案，即草图设计方案过程。如从空间、功能、心理等方面入手展开构想（见图1-21和图1-22）。

③ 深入设计。对筛选出的设计草图进行设计的深入开发阶段。在原有的设计构思基础上，从总体设想到各单元的尺寸设定，从虚拟空间到实体构架展开设计，并落实于设计文件。如平面图、室内透视图、室内装饰材料表、设计意图说明和造价预算等（见图1-23）。

图1-21　设计师综合分析项目后进行草图设计

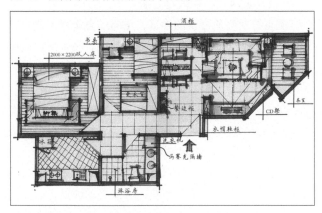

图1-22　设计师手绘的设计构思方案

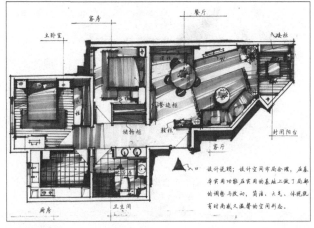

图1-20　设计准备阶段设计师进行现场调研，深入研究空间结构

图1-23　深入设计

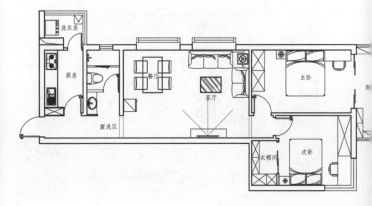

④ 设计表现。在设计过程中，为了更加清晰、准确地将设计师的设计意图展现，可以采用图表、模型、效果图等多种表现手法。特别是醒目直白的效果图，通过创造真实的环境印象，更容易受到客户的喜爱，成为设计项目表达常用的方式（见图1-24）。此阶段的设计方案仍需进行设计的综合评价，经审定后，方可进行施工图设计。

⑤ 施工图设计。设计经过设计定位、方案切入、深入设计、设计表现等过程，方案才能被客户采纳。在即将进入设计施工阶段之前，需要补充施工所需的有关平面布置、室内立面和顶棚平面等详细图纸（见图

图1-24 设计表现

图1-25 施工图设计（单位：mm）

1-25），以及设计节点详图、细部大样图及设备管线图等。在此阶段还需编制施工说明和造价预算。

（3）设计施工阶段

这是实施设计的重要环节，又被称为工程施工阶段。为了使设计的意图更好地贯彻实施于设计的全过程中，在施工之前，设计人员应及时向施工单位介绍设计意图，解释设计说明及图纸的技术交流；在实际施工阶段中，要按照设计图纸进行核对，并根据现场实际情况进行设计的局部修改和补充（由设计部门出具修改通知书）；施工结束后，协同质检部门进行工程验收。

（4）设计评价阶段

设计评价在设计过程中是一个不间断的行为，在某一阶段突出表现出来，即使是在完成设计后，设计评价依然有信息反馈、综评分析的重要价值。在设计过程中总是伴随着大量的评价和决策，许多情况下设计参与各方均在不自觉地进行评价和决策。随着科学技术的发展和设计对象的复杂化，对设计提出了更高的要求，单凭经验、直觉的评价已不适应要求，只有进行技术、美学、经济、人性等方面的综合评价，才能使设计活动达到预期的目的。

为了使设计更好地创造新生活空间，作为室内设计师，必须把握设计的基本程序，注重设计评价的筛选与决策的作用，抓好设计各阶段的环节，充分重视设计、材料、设备、施工等因素，运用现有的物质条件的潜能，将设计的精神与内涵有机地转化为现实，以期取得理想的设计效果。

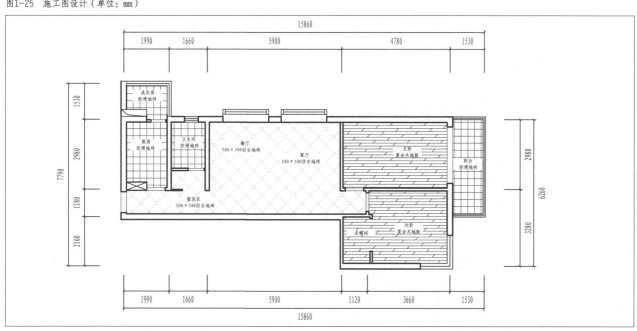

图1-26 人-设施-环境关系示意

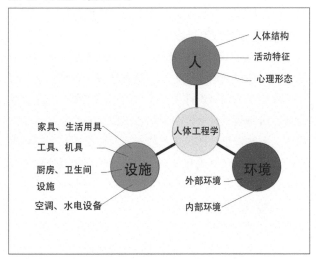

图1-27 人体的尺度和动作域所需要的尺寸及空间范围（单位：mm）

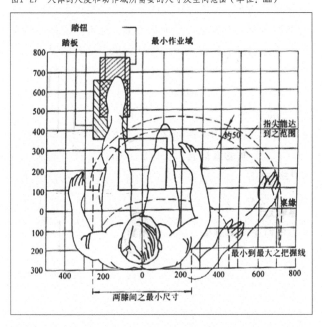

1.2 人体工程学与室内设计

人体工程学在室内设计中主要研究人体结构功能、心理、力学等方面与室内环境之间的合理协调关系，以适合人的身心活动要求，取得最佳的使用效能。其目标是安全、健康、高效能和舒适（见图1-26）。

1.2.1 人体工程学尺寸

对于室内设计来说，人体工程学的最大课题就是尺度的问题。为了使设计对象能符合人的生理、心理特点，让人在活动时处于舒适状态和适宜的环境中，就必须在设计中充分考虑人体的各种尺度。如人体的动作域所需要的尺寸和空间范围（见图1-27）；人们交往时符合心理要求的人际距离；人们在室内通行时各处有形无形的通道宽度等（见图1-28）。

（1）静态尺寸和动态尺寸概念

静态尺寸是被试者在固定的标准位置所测得的躯体尺寸，也称为结构尺寸，如手臂长度、腿长度、坐高等。动态尺寸是在活动的人体条件下测得的，是由关节的活动、转动所产生的角度与肢体的长度协调产生的范围尺寸，也称为功能尺寸。它对于解决许多带有空间范围、位置的问题很有用。虽然静态尺寸对某些设计目的来说具有很重要的意义，但在大多数情况下，动态尺寸的用途更为广泛。在运用人体动态尺寸时，应该充分考虑人体活动的各种可能性，考虑人体各部分协调动作的情况（见图1-29）。

图1-28 人们在室内通行时各处有形无形的通道宽度

图1-29 汽车驾驶室设计

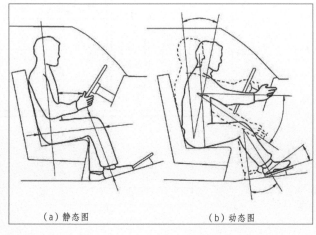

（2）我国成年人人体静态尺寸

人体数据是室内设计的重要基本资料之一。各种机械、设备、环境设施、家具、室内活动空间等都必须根据人体数据进行设计，这样才能使人工作舒适，提高效率，减少事故。例如，桌椅、门、过道的尺寸等必须与使用者人体尺寸相符，否则会影响安全、健康、效率以及生活情趣等，因而也就要求设计师了解人体测量与人体尺寸方面的基本知识。

在我国，由于幅员辽阔，人口众多，人体尺寸随年龄、性别、地区的不同而各不相同，同时，随着时代的发展，人们生活水平的逐渐提高，人体的尺寸也在发生变化，因此，要得到一个全国范围内的人体各部位尺寸的平均测定值是一项繁重而细致的工作。

1989年7月我国开始实施成年人人体尺寸国家标准。国家标准《中国成年人人体尺寸》（GB/T 10000—1988）可作为我国人体工程学设计的基础数据。该标准提供了七类共47项人体尺寸基础数据，标准中所列出的数据是代表从事工业生产的法定中国成年人（男18~60岁，女18~55岁）的人体尺寸，并按男、女性别分开列表（见图1-30和图1-31）。室内设计时可参考常用的人体尺度示意图，为室内空间设计提供有力的依据（见图1-32）。

图1-30 我国成年男性中等人体地区（长江三角洲）的人体各部分平均尺寸（单位：mm）

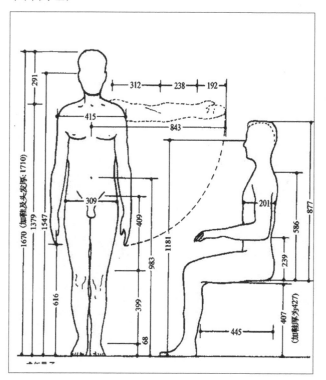

图1-31 我国成年女性中等人体地区（长江三角洲）的人体各部分平均尺寸（单位：mm）

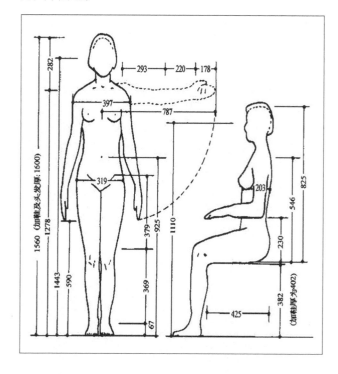

图1-32 常用人体尺度示意（单位：mm）

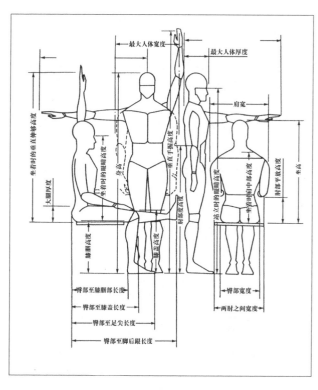

（3）我国成年人人体动态尺寸

在现实生活中，人们并非总是保持一种姿势不变，而是总在变换着姿势，并且人体本身也随着活动的需要而移动位置，这种姿势的变换和人体移动所占用的空间构成了人体活动空间，也称为作业空间。人们在室内各种工作和生活活动范围的大小是确定室内空间尺度的重要依据因素之一。以各种计测方法测定的人体动作域，也是人体工程学研究的基础数据。如果说人体尺度是静态的、相对固定的数据，人体动作域的尺度则为动态的，其动态尺度与活动情境动态有关（见图1-33～图1-36）。室内家具的布置、室内空间的组织安排，都需要认真考虑活动着的人，甚至活动着的人群所需空间，即进深、宽度和高度的尺度范围（见图1-37和图1-38）。室内设计时人体尺度具体数据尺寸的选用，应考虑在不同空间下，人们动作和活动的安全，以及对于大多数人来说的适宜尺寸，并强调以安全为前提。

图1-36　躺姿的活动空间（单位：mm）

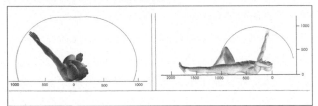

图1-33　立姿的活动空间（单位：mm）

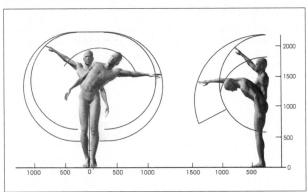

图1-34　坐姿的活动空间（单位：mm）

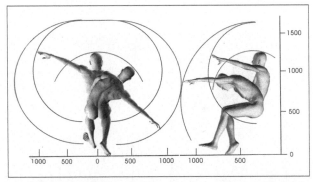

图1-35　跪姿的活动空间（单位：mm）

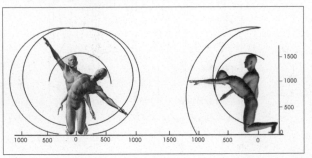

图1-37　室内家具的布置、室内空间的组织安排，都需要认真考虑活动着的人所需空间（单位：mm）

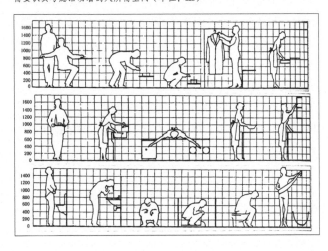

图1-38　室内设计时人体尺度具体数据尺寸的选用，应考虑在不同空间下，人们动作和活动的安全，以及对于大多数人来说的适宜尺寸，并强调以安全为前提（单位：mm）

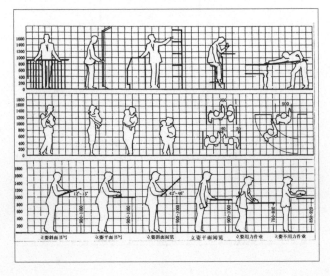

1.2.2　人体工程学在室内设计中的应用

室内设计的主要目的是要创造有利于人们身心健康和安全舒适的工作、生产及生活的良好环境，而人体工程学就是为这一目的服务的一门系统学科。人体工程学通过对人类自身生理和心理的认识，将有关的知识应用在室内设计中，从而使环境适合人类的行为和需求。由于人体工程学是一门新兴的学科，人体工程学在室内环境设计中应用的深度和广度，有待于进一步认真开发，目前已经开展的应用有如下方面。

（1）确定人和人际在室内活动所需空间的主要依据

根据人体工程学中的有关计测数据，从人的尺度、动作域、心理空间以及人际交往的空间等，确定空间范围。例如：起居室是人们的主要活动空间，应考虑到多重功能要求，既要供人们休息，又要考虑学习、会客、娱乐、休闲等，所以它应是居室中最大的空间，同时为了具有更大的灵活性，空间形状不宜过于狭长；厨房功能则比较单一，往往将储藏、洗涤、烹调设施等工作区都安排在一面墙上，空间形态可以设计狭长且功能比较集中（见图1-39和图1-40）。

（2）确定家具、设施的形体和尺度及其使用范围的主要依据

家具设施为人所使用，因此它们的形体、尺度必须以人体尺度为主要依据；同时，人们为了使用这些家具和设施，其周围必须留有活动和使用的最小余地，这些要求都由人体工程科学地予以解决。例如：对于站立使用的家具以及不设座椅的工作台等，应以站立基准点的位置计算。如高橱柜的高度一般为1800~2200mm；服务接待台的高度一般为1000~1200mm；电视柜的深度为450~600mm，高度一般为450~700mm。而对坐着使用的家具，实际上应根据人在坐时，以坐骨关节节点为准计算。如座椅的高度应参照人体小腿长度加足高，座椅的宽度要满足人体臀部的宽度，使人能够自如地调整坐姿，座椅的深度应能保证臀部得到全部支撑。

（3）提供适应人体的室内物理环境的最佳参数

室内物理环境主要有室内热环境、声环境、光环境、重力环境、辐射环境等。人体工程学通过科学研究，提供了适应人体的室内物理环境的最佳参数，帮助在设计时做出正确的决策。例如：居室设计中客厅的开窗面积应该大一些，以利于获得充足的采光、通

图1-39　起居室考虑到多重功能要求，空间层次丰富，简洁明快

图1-40　厨房空间形态狭长，将功能区布置在左右两边，动线顺畅、使用方便

风条件，使室内环境处于良好的状态（见图1-41和图1-42）；卧室要争取有必要的阳光照射而又避免烈日暴晒（见图1-43）。室内温度和相对湿度对于空间设计舒适性至关重要，经试验证明，起居室内的适宜温度是16~24℃；相对湿度是40%~60%，冬季最好不要低于35%，夏季最好不大于70%。

（4）室内设计中的视觉、心理与空间环境

人眼的观力、观野、光觉、色觉是视觉的要素，人体工程学通过计测得到的数据，对室内光照设计、室内色彩设计、视觉最佳区域等提供了科学的依据。

室内环境的各个组成要素均有其不同的色彩，这些色彩的总和体现室内环境的整体感知。色彩可以影响人的精神和情绪，要创造一个恰当、舒适的环境离不开色彩的设计(见图1-44和图1-45)。

图1-43　卧室要有合适且充足的照明，能让房间温暖、有安全感

图1-41　居室设计中客厅采光良好，结合顶、地、墙等界面设计，给人带来层次丰富的空间享受

图1-42　客厅与餐厅有机结合，灯光设计层次丰富，采光通风良好，获得较好的空间体验

图1-44　客厅空间色彩对比强烈，在沉稳中表达明亮、活泼的感觉

图1-45　咖啡厅整体色调协调，配以绿色植物加以点缀，让空间显得稳重、质朴、优雅

光线同样通过视觉给人不同的心理感受，通过多种手法改变室内光线变化，以达到不同的视觉效果。通常在室内通过窗户引进自然光线，打破人置于六面封闭空间的窒息感觉；同时利用人工照明造就室内各种气氛，形成空间变幻的效果（见图1-46）。

（5）室内设计中的无障碍设计

无障碍设计是一种空间规划手段，即从不方便行动人群的生活轨迹出发，从每一个细节关爱他们的生活起居，令每个人独立生活的愿望成为现实（见图1-47）。

如今现代设计越来越重视"以人为本"的理念，人-机-环境是密切联系的一个综合系统。人体工程学在室内设计中应用的深度和广度，还有待于进一步的开发和探索。

图1-47 无障碍设计

图1-46 酒店客房使用整面落地玻璃使外部的自然景色一览无余，光线随着时间的变化形成了有趣且微妙的光影效果

思考与延伸

1. 如何理解室内设计？

2. 室内设计工作程序有哪些？对设计有何启发？

3. 室内设计发展趋势对现代设计有何启发？

4. 人体工程学在室内设计中如何运用？

第 2 章　室内设计制图的基本知识

在室内设计的过程中，施工图的绘制是表达设计者设计意图的重要手段之一。为了对施工图进行规范化管理，国家制定了一些制图标准以保证制图质量，提高制图效率。制图应做到图面清晰、简明，图示明确，符合设计、施工、审查、存档的要求，适应工程建设的需要。本章主要讲述制图的原理、内容与基本要求，以帮助读者准确地识读、绘制施工图纸。

2.1　室内设计制图基础

2.1.1　投影法

三维空间的物体如何转化为二维平面上来进行表达呢？在日常生活中，我们见到光线照射到物体上并在地面或墙上产生影子，人们利用这种日常现象，总结出在平面上表达空间物体的形状和大小的方法，这种方法称为投影法（见图2-1）。

2.1.2　正投影图与三面正投影图

工程制图要解决的问题，是怎样将立体实物的形状和尺寸准确地反映在平面图纸上。当平行投射线与投影面相垂直时，产生的投影称为正投影，所绘的图称为正投影图，它能反映物体各个面的实际形状和大小。正投影图只能表现出物体的一个方位的形状，不能表现全部的形状。如果将物体放在三个相互垂直的投影面之间，用分别垂直于三个投影面的平行投影，即可得到三个正投影图，组合起来，便可以反映出物体的全部形状和大小，我们一般称为三面正投影图。房屋建筑、室内设计的各种施工图就是用这种方法绘制而成的（见图2-2）。

2.1.3　三面正投影图的特点

三面正投影图由所画物体的三个视图组成：主视图（反映物体的主要形状特征）；俯视图（对所画物体由上向下投影所得的图形）；侧（左）视图（对物体的主

图2-1　投影法示意

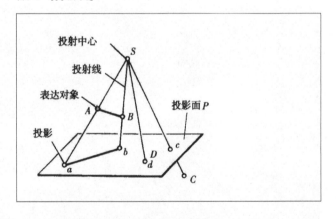

图2-2　三面正投影图

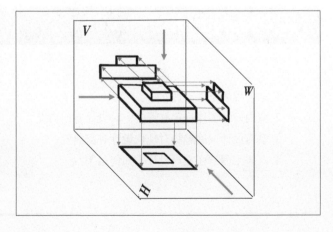

要侧面投影所得）。正投影图中的每一面投影都是只能分别反映空间几何形体某一面真实形状的平面图形（见图2-3）。主视图反映所画物体的长和高，俯视图反映所画物体的长和宽，侧视图反映所画物体的高和宽。主、俯视图长对正；主、侧视图高平齐；俯、侧（左）视图宽相等，前后对应。长对正、高平齐、宽相等是三面正投影图的特点，是画图和看图必须遵循的投影规律。无论是整个物体，还是物体的局部，都必须符合这条规律（见图2-4）。

2.2 室内设计制图的主要内容

室内设计制图是在建筑制图的基础上发展出来的。建筑制图着重表达建筑结构形式、建筑构造、材料与做法；室内设计制图侧重反映室内空间的布局、各界面（墙面、地面、天花）的表面装饰、家具的布置、固定设施的安放及细部构造做法和施工要求等。

2.2.1 平面布置图

在窗台上方（距地1.5m高左右），用一个假想的水平剖切面把房间切开，移去上面的部分，由上向下看，在水平面上得到的正投影即室内设计平面布置图，简称平面图（见图2-5）。

室内平面图应表达的内容如下（见图2-6）。

① 墙体、隔断及门窗、各空间大小及布局、家具陈设、人流交通路线、室内绿化等；若不单独绘制地面材料平面图，则应该在平面图中表示地面材料。

② 标注各房间尺寸、家具陈设尺寸及布局尺寸，对于复杂的公共建筑，则应标注轴线编号。

③ 注明房间名称、家具名称。

④ 注明室内地坪标高。

⑤ 注明详图索引符号、图例及立面索引符号。

⑥ 注明图名和比例。

⑦ 需要辅助文字说明的平面图，还要注明文字说明、统计表格等。

图2-3 三面正投影图由主视图、俯视图、侧（左）视图组成

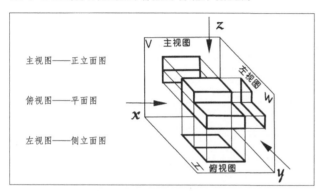

图2-4 三面正投影图的"三等"关系

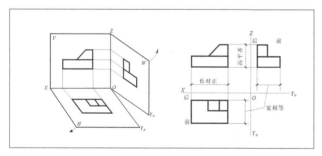

图2-5 室内设计平面布置图

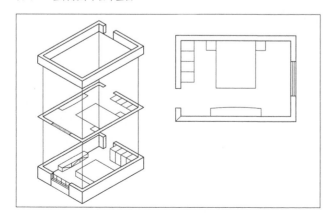

图2-6 室内平面图应表达的内容（单位：mm）

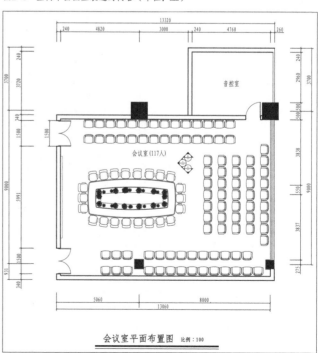

会议室平面布置图 比例：100

图2-7　顶棚平面图

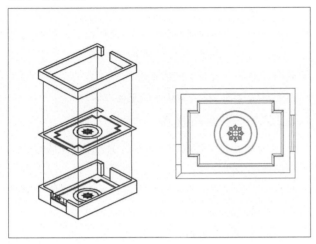

2.2.2　顶棚平面图

室内设计顶棚平面图是根据顶面在其下方假想的水平镜面上的正投影绘制而成的镜像投影图。为了理解室内顶面的图示方法，我们可以设想与顶面相对的地面为整片的镜面，顶面的所有形象都可以映射在镜面上，此镜面就是投影面，镜面呈现的图像就是顶面的正投影图（见图2-7）。用此方法绘出的顶面平面图像，其纵横排列与平面图完全一致，便于相互对照，易于清晰识读。

顶棚平面图应表达的内容如下（见图2-8）。

① 顶面的造型及材料说明。

② 顶面灯具和电器的图例、名称规格等说明。

③ 顶面造型尺寸标注、灯具等的安装位置标注。

④ 顶面标高标注。

⑤ 顶面细部做法的说明。

⑥ 详图索引符号、图名、比例等。

图2-8　顶棚平面图应表达的内容（单位：mm）

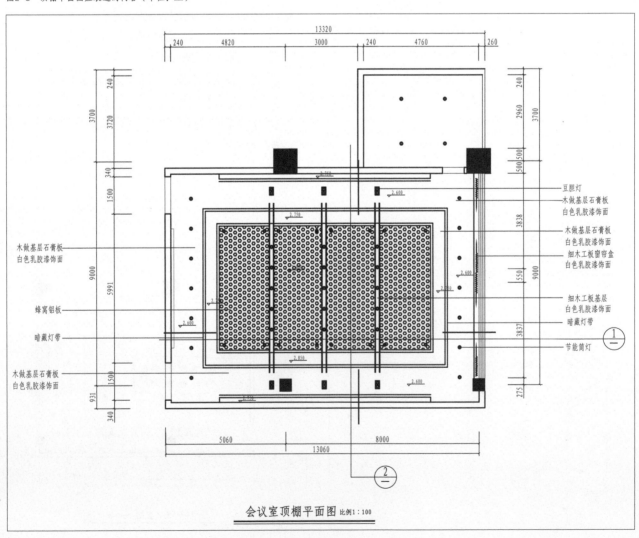

会议室顶棚平面图 比例1:100

图2-9　地面铺装图应表达的内容（单位：mm）

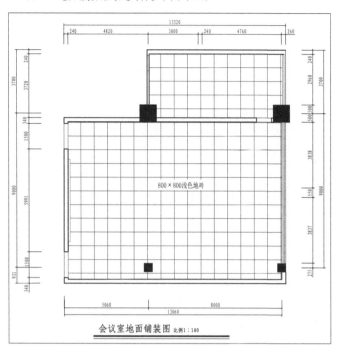

会议室地面铺装图　比例1：100

图2-10　室内设计立面图

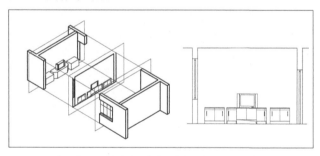

2.2.3　地面铺装图

地面铺装图的形成和画法与平面布置图基本一样，有区别的是地面铺装图可以不需要绘制家具及绿化等布置，只需画出地面的装饰分格、标注地面材质、尺寸、颜色和标高等。

地面铺装图应表达的内容如下（见图2-9）。

① 地面图中，应包含平面布置图的基本内容。

② 室内地面材料的选用、地面拼花造型的绘制、颜色与分格尺寸，绘制地面铺装的填充图案，并确定地面标高等。

③ 详图索引符号、图名、比例及必要的文字说明等。

2.2.4　室内立面图

室内立面图以平行于室内墙面的切面将前面部分切去后，剩余部分的正投影图即室内立面图。一般为室内墙柱面装饰图，主要表示建筑主体结构中铅垂立面的装修做法，反映空间高度、墙面材料、造型、色彩、凹凸立体变化及家具尺寸等（见图2-10）。

立面图应表达的内容如下（见图2-11）。

① 墙面造型、材质及家具陈设在立面上的正投影。

② 门窗立面及其他装饰元素立面。

③ 立面各组成部分尺寸、地坪吊顶标高。

④ 材料名称及细部做法说明。

⑤ 详图索引符号、图名、比例等。

图2-11　室内设计立面图应表达的内容（单位：mm）

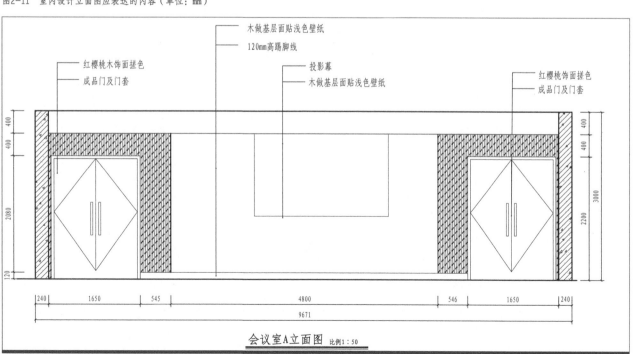

会议室A立面图　比例1：50

2.2.5　剖面图

剖面图是用假想平面将室外某装饰部位或室内某装饰空间垂直剖开而得的正投影图。它主要表明上述部位或空间的内部构造情况，或装饰结构与建筑结构、结构材料与饰面材料之间的构造关系等。

剖面图应表达的内容如下（见图2-12）。

① 建筑的剖面基本结构和剖切空间的基本形状，并注出与所需建筑主体结构有关的尺寸和标高。

② 装修结构的剖面形状、构造形式、材料组成及固定与支承构件的相互关系。

③ 节点详图和构配件详图的所示部位与详图所在位置。

④ 剖切空间内可见实物的形状、大小与位置。某些装饰构件、配件的尺寸、工艺做法与施工要求，另有详图的可概括表明。

⑤ 图名、比例和被剖切墙体的定位轴线及其编号。

2.2.6　装饰详图

由于室内设计中平面图、立面图等的比例一般较小，很多装饰造型、构造做法、细部尺寸等无法反映或反映不清晰，满足不了施工、制作的需求，因此需放大比例画出详细图样，形成装饰详图。

装饰详图应表达的内容如下（见图2-13）。

① 以剖面图的绘制方法绘制出各材料断面、构配件断面及其相互关系。

② 用细线表示剖视方向上看到的部位轮廓及相互关系。

③ 标出材料断面图例。

④ 用指引线标出构造层次的材料名称及做法。

⑤ 标出其他构造做法。

⑥ 标注各部分尺寸。

⑦ 标注详图编号和比例。

图2-12　剖面图应表达的内容（单位：mm）

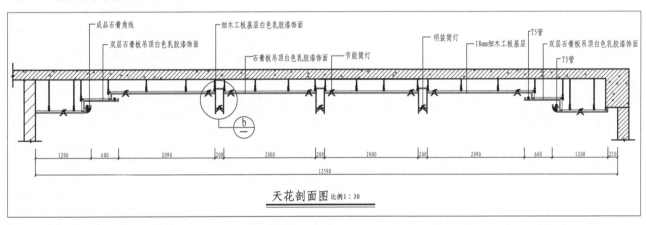

天花剖面图 比例1：30

图2-13　装饰详图应表达的内容（单位：mm）

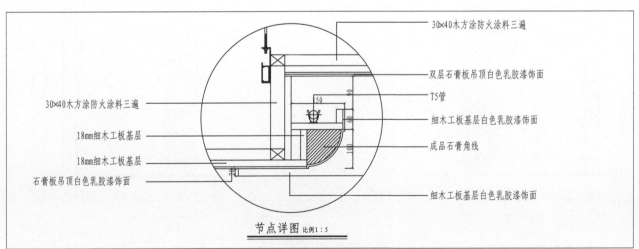

节点详图 比例1：5

2.3　室内设计制图的基本标准

室内设计制图是表达室内设计的重要技术资料，是施工进行的依据。2010年，国家颁布了新的制图标准，包括《房屋建筑制图统一标准》《总图制图标准》《建筑制图标准》等几部制图标准。2011年7月4日，又针对室内制图颁布了《房屋建筑室内装饰装修制图标准》。室内设计制图标准涉及图纸幅面与图纸编排顺序，以及图线、字体等各方面的使用标准。

2.3.1　图纸编排顺序

一般来说成套的室内设计施工图包含以下内容：封面、目录、设计说明、图表、平面图、立面图、节点大样详图、配套专业图纸。

图纸编排的顺序一般应为封面、图纸目录、设计说明、装饰材料汇总表、建筑平面图、平面布置图、地面图、顶棚平面图、立面图、详图、电气图、给排水图、采暖通风图等。建筑装饰、室内设计专业按"饰施"统一标注，其他专业按"建施""结施""电施""水施"等标注。

2.3.2　图纸幅面规格

图纸幅面是指图纸本身的规格尺寸，也就是我们常说的"图签"，为了合理使用并便于图纸管理、装订，室内设计制图的图纸幅面规格尺寸沿用建筑制图的国家标准（见表2-1）。

图纸以短边作垂直边称为横式，以短边作水平边称为立式。一般A0~A3图纸宜横式使用，必要时也可立式使用（见图2-14）。图纸的短边不得加长，长边加长应符合国家规定（见表2-2）。一个工程设计中，每专业所用的图纸不宜多于两种幅面。目录及表格所采用的A4幅面，可不在此限。

2.3.3　标题栏与会签栏

标题栏的主要内容包括设计单位名称、工程名称、图纸名称、图纸编号以及项目负责人、设计人等项目内容。标题栏的长、宽与具体内容可根据具体工程项目进行调整（见图2-15）。

室内设计中的设计图纸一般需要审定，水、电、消防等相关专业负责人要会签，此时可在图纸装订一侧设置会签栏，不需要会签的图纸可不设会签栏。签字区栏内应填写签字人员所代表的专业、姓名、日期（年、月、日）。一般至少三级签字，职称应由低（或相等）到高（见图2-16）。

表2-1　图纸幅面及图框尺寸（单位：mm）

尺寸代号	幅面代号				
	A0	A1	A2	A3	A4
$b \times L$	841×1189	594×841	420×594	297×420	210×297
c	10			5	
a	25				

图2-14　图纸幅面

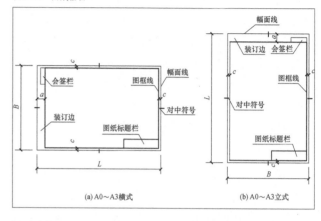

(a) A0～A3横式　　　　(b) A0～A3立式

表2-2　图纸加长尺寸（只允许加长图纸的长边）（单位：mm）

幅面代号	长边尺寸	长边加长后尺寸
A0	1189	1486、1635、1783、1932、2080、2230、2378
A1	841	1051、1261、1471、1682、1892、2102
A2	594	743、891、1041、1189、1338、1486、1635、1783、1932
A3	420	630、841、1051、1261、1471、1682、1892

图2-15　标题栏和会签栏布置形式

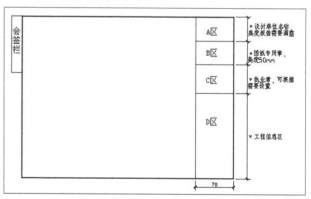

图2-16　会签栏格式（单位：mm）

（专业）	（实名）	（签名）	（日期）

25　25　25　25
100

2.3.4　图线

室内设计制图主要由各种线条构成，不同的线型表示不同的对象和不同的部位，代表着不同的含义。图线的宽度 b，应从下列线宽系列中选取：0.18mm、0.25mm、0.35mm、0.5mm、0.7mm、1.0mm、1.4mm、2.0mm。每个图样都应根据复杂程度与比例大小，先确定基本线宽 b，再选用适当的线宽比（见表2-3）。在同一张图纸内，相同比例的各图样，应选用相同的线宽比。

为了图面能够清晰、准确、美观地表达设计思想，工程实践中采用了一套常用的线型及线宽，并规定了它们的使用范围（见表2-4）。在AutoCAD2019中，可以通过"图层"中"线型"和"线宽"的设置来选定所需线型。

2.3.5　字体

在绘制施工图的时候，要正确地注写文字、数字和符号，以清晰地表达图纸内容。

图纸上所需书写的文字、数字或符号等，均应笔画清晰、字体端正、排列整齐；标点符号应清楚正确。图中标注及说明的汉字、标题栏、明细栏等应采用长仿宋体；大标题、图册封面、地形图等的汉字，也可书写成其他字体，但应易于辨认（见表2-5）。汉字的书写必须遵守国务院公布的《汉字简化方案》和有关规定。

拉丁字母、阿拉伯数字或罗马数字，如需写成斜体字，其斜度应是从字的底线逆时针向上倾斜75°。斜体字的高度与宽度应与相应的直体字相等。

表示数量的数字，应用阿拉伯数字书写；计量单位应符合国家颁布的有关规定书写，例如三千五百毫米应写成3500mm，三百二十五吨应写成325t。

表示分数时，不得将数字与文字混合书写，例如四分之三应写成3/4，不得写成4分之3，百分之三十五应写成35%，不得写成百分之35。

不够整数的小数数字，应在小数点前加0定位。例如0.15、0.004等。

表2-4　线型、线宽及用途

图线名称	线型	线宽	用途
粗实线	▬▬▬	b	平面图、顶棚平面图、立面图、详图中被剖切的主要构造（包括构配件）的轮廓线
中实线	▬▬▬	$0.5b$	（1）平面图、顶棚平面图、立面图、详图中被剖切的次要的构造（包括构配件）的轮廓线（2）立面图中的主要构件的轮廓线（3）立面图中的转折线
细实线	——	$0.25b$	（1）平面图、顶棚平面图、立面图、详图中一般构件的图形线（2）平面图、顶棚平面图、立面图、详图中索引符号及其引出线
超细实线	——	$0.15b$	（1）平面图、顶棚平面图、立面图、详图中细部装饰线（2）平面图、顶棚平面图、立面图、详图中尺寸线、标高符号、材料（3）平面图、顶棚平面图、立面图、详图中配景图线
中虚线	– – –	$0.5b$	平面图、顶棚平面图、立面图、详图中不可见的灯带
细虚线	- - -	$0.25b$	平面图、顶棚平面图、立面图、详图中不可见的轮廓线
单点长划线	– · – ·	$0.25b$	中心线、对称线、定位轴线
折断线	∿	$0.25b$	不需画全的断开界线

表2-5　CAD工程图中的字体选用范围

字体名称	汉字字型	国家标准号	字体文件名	应用范围
长仿宋体	长仿宋体	GB/T 13362.4、13362.5—1992	HZCF.	图中标注及说明的汉字、标题栏、明细栏等
单线宋体	单线宋体	GB/T 13844—1992	HZDX.	大标题、小标题、图册封面、目录清单、标题栏中设计单位名称、图样名称、工程名称、地形图等
宋　体	宋体	GB/T 13845—1992	HZST.	
仿宋体	仿宋体	GB/T 13846—1992	HZFS.	
楷　体	楷体	GB/T 13847—1992	HZKT.	
黑　体	黑体	GB/T 13848—1992	HZHT.	

表2-3　线宽比

线宽比						
b	2.0	1.4	1.0	0.7	0.5	0.35
$0.5b$	1.0	0.7	0.5	0.35	0.25	0.18
$0.25b$	0.5	0.35	0.25	0.18		

2.3.6　比例

图样的比例应为图形与实物相对应的尺寸之比。例如1∶1表示图形大小与实物大小相同；1∶100表示实际中的100个单位落实在图纸上缩小成1个单位，即实物的1/100。绘图所用的比例，应根据图样的用途与被绘对象的复杂程序选用常用比例或可用比例（见表2-6）。

一般情况下，一个图样应选用一种比例。根据专业制图的需要，统一图样可选用两种比例。比例应以阿拉伯数字表示，宜注写在图名的右侧，字的底线应取平；比例的字高，应比图名的字高小一号或两号（见图2-17）。

2.3.7　符号

（1）剖切符号

剖切符号是用来表示剖切面和剖切位置的图线符号。剖面的剖切符号，应由剖切位置线及剖视方向线组成，均应以粗实线绘制。剖切位置线的长度宜为6~10mm；剖视方向线应垂直于剖切位置线，长度应短于剖切位置线，宜为4~6mm。绘制时，剖面剖切符号不宜与图面上的图线相接触（见图2-18）。

剖面剖切符号的编号，宜采用阿拉伯数字，按顺序由左至右、由上至下连续编排，并应注写在剖视方向线的端部。需要转折的剖切位置线，在转折处如与其他图线发生混淆，应在转角的外侧加注与该符号相同的编号。

（2）索引符号与详图符号

在工程图样的平、立、剖面图中，对于工程物体的很多细部的构造、尺寸、材料、做法等需要用较大比例绘制出详图。为了在图面中清楚地表达这些详图编号，需要在图纸中清晰、有条理地表示出详图的索引符号和详图符号（见表2-7）。

详图索引符号的圆及直径均应以细实线绘制，圆的直径应为10mm。

索引出的详图，如与被索引的图样在同一张图纸内，应在索引符号的上半圆中用阿拉伯数字注明该详图的编号，并在下半圆中间画一段水平细实线。

索引出的详图，如与被索引的图样不在同一张图纸内，应在索引符号的下半圆中用阿拉伯数字注明该详图所在图纸的图纸号。

索引出的详图，如采用标准图，应在索引符号水平直径的延长线上加注该标准图册的编号。

索引符号如用于索引剖面详图，应在被剖切的部位绘制剖切位置线，并应以引出线引出索引符号，引出线所在的一侧应为剖视方向。

表2-6　绘图常用比例

常用比例	1∶1、1∶2、1∶5、1∶10、1∶20、1∶50、1∶100、1∶150、1∶200、1∶500
可用比例	1∶3、1∶4、1∶6、1∶15、1∶25、1∶30、1∶40、1∶60、1∶80、1∶250、1∶300、1∶400、1∶600

图2-17　比例注写

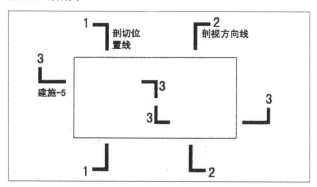

图2-18　剖切符号

表2-7　索引符号与详图符号

名称	符号示意	说明
详图索引符号	⑤／	索引出的详图，如与被索引的图样在同一张图纸内，应在索引符号的上半圆中用阿拉伯数字注明该详图的编号，并在下半圆中间画一段水平细实线
	A／2	索引出的详图，如与被索引的图样不在同一张图纸内，应在索引符号的下半圆中用阿拉伯数字注明该详图所在图纸的图纸号
	J103 ⑤／2 标准图册代号	索引出的详图，如采用标准图，应在索引符号水平直径的延长线上加注该标准图册的编号
	⑤／2 （向上剖视）	索引符号如用于索引剖面详图，应在被剖切的部位绘制剖切位置线，并应以引出线引出索引符号，引出线所在的一侧应为剖视方向
详图符号	⑤	详图被索引的图样同在一张图纸内时，应在详图符号内用阿拉伯数字注明详图的编号
	⑤／2	详图与被索引的图样，如果不在同一张图纸内，可用细实线在详图符号内画一个水平直径，在上半圆中注明详图编号，在下半圆中注明被索引图纸的图纸号

详图的位置和编号，应以详图符号表示，详图符号应以粗实线绘制，直径为14mm。

（3）室内立面符号

室内立面符号表示室内立面在平面上的位置及立面所在图纸的编号，应在平面图中用立面索引符号注明视点位置、方向及立面的编号。

立面索引符号由圆圈、水平直径组成，圆圈及水平直径应以细实线绘制。根据图面比例，圆圈直径可选择8~10mm，圆圈内注明编号及索引图所在页码。立面索引符号附以三角形箭头，三角形箭头方向同投射方向，其索引点的位置应为立面图的视点位置。

立面符号的编号，宜采用阿拉伯数字或英文字母按顺序连续排列，圆形上部字母为立面图，下部数字则为图号编号，视设计需要可注1~4个立面。若平面图较小，可在图外表示（见表2-8）。

当出现同方向、不同视点的立面索引时，应以A1、B1、C1、D1表示以示区别，以此类推；当同一空间中出现A、B、C、D四个方向以外的立面索引时，应采用A、B、C、D以外的英文字母表示。

（4）引出线

引出线应以细实线绘制，宜采用水平方向的直线或与水平方向成30°、45°、90°的直线，或经上述角度再折为水平的折线。文字说明宜注写在横线的上方，也可注写在横线的端部。索引详图的引出线，应与水平直径线相连接（见图2-19）。

同时引出几个相同部分的引出线，宜相互平行，也可画成集中于一点的放射线（见图2-20）。

多层构造或多层管道的共用引出线，应通过被引出的各层。文字说明宜注写在横线的端部，说明的顺序应由上至下，并且应与被说明的层次相互一致；如层次为横向排列，则由上至下的说明顺序应与由左至右的层次相互一致（见图2-21）。

表2-8 室内立面符号

名称	符号	说明
立面索引符号	（A/2 带箭头符号）	单一立面索引
	（四个立面索引菱形符号，标注"可用阿拉伯数字"，A/2、B/2、C/2、D/2）	四个立面索引
	（平面图外立面索引符号，A、B带箭头）	若平面图较小，可在图外表示的立面索引
立面图表示	（5/2 圆圈符号，标注"立面编号，也可用英文字母""被索引详图所在图号"）	被索引部位在另一张图纸
	（5/－ 圆圈符号）	被索引部位在本张图纸
	（5 立面图 1:30）	立面图符号

图2-19 引出线

图2-20 同时引出几个相同部分的引出线

图2-21 多层构造或多层管道的共用引出线

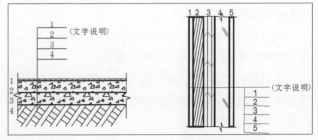

（5）连接符号

连接符号以折断线表示需连接的部位，以折断线两端靠图样一侧的大写拉丁字母表示连接编号。两个被连接的图样，必须用相同的字母编号（见图2-22）。

（6）尖头符号

在建筑图、建筑装饰图中用尖头符号表示方向（见图2-23），如扯门、窗开启、楼梯踏步上下及窗帘开启方向等。图形用细实线绘制，尖头用粗实线绘制。

（7）指北针

指北针符号宜用实线绘制（见图2-24），圆的直径为24mm，指针尾部的宽度为3mm。需用较大直径绘制指北针时，指针尾部宽度宜为直径的1/8。

2.3.8 定位轴线

定位轴线是表示柱网和墙体位置的符号。它使房屋的平面划分及构件、配件统一并趋于简单，是结构计算、施工放线、测量定位的依据。定位轴线一般用单点长划线绘制。

定位轴线一般应编号，编号应注写在轴线端部的圆内。圆应用细实线绘制，直径应为8mm，详图上可增为10mm。定位轴线圆的圆心，应在定位轴线的延长线上或延长线的折线上。

平面图上定位轴线的编号，宜标注在图样的下方与左侧。横向编号应用阿拉伯数字，从左至右顺序编写，竖向编号应用大写拉丁字母，从下至上顺序编写（见图2-25）。拉丁字母中的I、O、Z不得作为轴线编号。如果字母数量不够使用，可增用双字母或单字母加数字注脚。

定位轴线也可采用分区编号（见图2-26），编号的注写形式应分为"分区号-该区轴线号"。

若房屋平面形状为折线，定位轴线的编号也可以自左到右、自下到上依次编写（见图2-27）。

图2-23 尖头符号

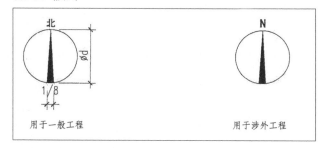
图2-24 指北针

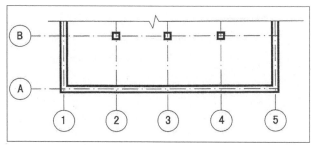
图2-25 平面图上定位轴线的编号顺序

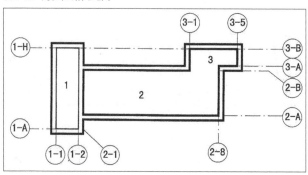
图2-26 定位轴线分区编号

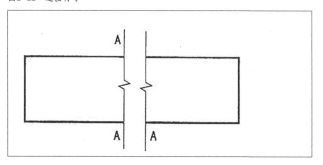
图2-22 连接符号

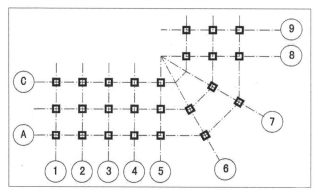
图2-27 房屋平面形状为折线，定位轴线的编号顺序

2.3.9 尺寸标注

在室内设计施工图中，图形只能表达构筑物的形状，构筑物各部分的大小还必须通过标注尺寸才能确定。室内施工和构件制作都必须根据尺寸进行，因此注写尺寸时，应力求做到正确、完整、清晰、合理。

根据国际上通用的惯例和国际上的规定，各种设计图上标注的尺寸，除标高及总平面图以米（m）为单位外，其余一律以毫米（mm）为单位。因此，设计图上的尺寸数字都不再注写单位。

（1）尺寸标注组成

在图纸中，完整的尺寸标注由尺寸界线、尺寸线、尺寸起止符号及尺寸数字四部分组成。尺寸界线、尺寸线均用细实线绘制，尺寸起止符号用中粗斜短线绘制（见图2-28）。

（2）标注原则

① 尺寸线应与被注长度平行。图样本身的任何图线均不得用作尺寸线。尺寸线与图样最外轮廓线的距离不宜小于10mm，平行排列的尺寸线间距，宜为7~10mm，并应保持一致。

② 尺寸数字应根据其方向注写在靠近尺寸线的上方中部，如没有足够的注写位置，最外边的尺寸数字写在尺寸界线的外侧，中间相邻的尺寸数字可错开注写（见图2-29）。

③ 尺寸宜标注在图样轮廓线以外，不宜与图线、文字及符号等相交。如标注在图样轮廓线以内时，尺寸数字处的图线应断开，图样轮廓线也可用作尺寸界限。

④ 互相平行的尺寸线的排列，宜从图样轮廓线向外，先注写小尺寸和分尺寸，后注写大尺寸和总尺寸（见图2-30）。

⑤ 连续排列的等长尺寸，可用"个数×等长尺寸=总长"的形式标注（见图2-31），或用EQ等分标注（CAD标注的一种符号），但注明总长度。

2.3.10 标高

标高是标注建筑物高度的一种尺寸标注形式。标高符号以直角等腰三角形表示，用细实线绘制，标高符号的尖端应指至被注高度的位置，尖端一般应向下，也可向上。

标高数字以米为单位，注写到小数点后第三位（见图2-32），数字后不注写单位。零点标高应注写成±0.000，正数标高不注"+"，负数标高应注"−"，例如：3.000、−0.600。

图2-28 尺寸标注组成（单位：mm）

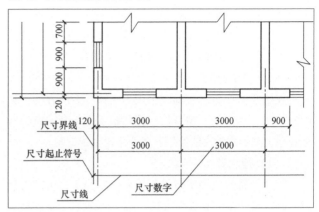

图2-29 尺寸数字注写（单位：mm）

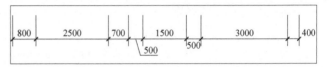

图2-30 尺寸线排列与尺寸注写（单位：mm）

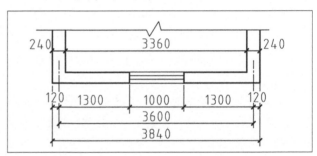

图2-31 连续排列的等长尺寸标注（单位：mm）

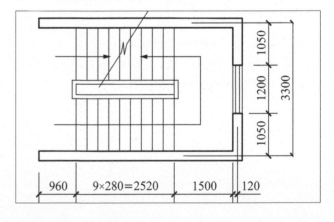

图2-32 标高符号（单位：mm）

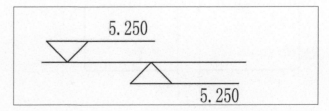

表2-9 常用材料图例

序号	名称	图例	备注
1	混凝土		本图例指能承重的混凝土及钢筋混凝土，包括各种强度等级、骨料、添加剂的混凝土
2	钢筋混凝土		在剖面图上画出钢筋时，不画图例线，断面图形小，不易画出图例线时，可涂黑
3	水泥砂浆		本图例指素水泥浆及含添加物的水泥砂浆，包括各种强度等级、添加物及不同用途的水泥砂浆 水泥砂浆配比及特殊用途应另行说明
4	石材		包括各类石材
5	普通砖		包括实心砖、多孔砖、砌块等砌体
6	饰面砖		包括墙、地砖、马赛克、人造石等
7	细木工板		指人工合成的，上下为夹板，中间为小块木条组成的木制板材，应注明厚度
8	胶合板		指人工合成的多层木制板材，应注明几层胶合板
9	石膏板		包括纸面石膏板、纤维石膏板、防水石膏板等，应注明厚度
10	硅钙板		应注明厚度
11	矿棉板		应注明厚度
12	涂料		本图例采用较稀的点
13	玻璃		包括各类玻璃制品，安全类玻璃应另行说明
14	金属		包括各种金属，图形较小，不易画出图例线时可涂黑
15	金属网		包括各种不同造型、材料的金属网
16	纤维材料		包括岩棉、矿棉、麻丝、玻璃棉、木丝板、纤维板等
17	防水材料		构造层次多或比例大时，采用上面图例

注：图例中的斜线一律为45°。

2.4 常用材料图例

室内设计图中经常应用材料图例来表示材料，在无法用图例表示的地方，也可采用文字说明。

本书图例只规定常用建筑、室内装饰材料的图例画法，对其尺寸比例不作具体规定（见表2-9）。使用时，根据图样大小而定，并应注意下列事项。

① 图例线应间隔均匀，疏密适度，做到图例正确、表示清楚。

② 同类材料不同品种使用同一图例时（如混凝土、砖、石材、金属等），应在图上附加必要的说明。

③ 两个相同的图例相接时，图例线宜错开或倾斜方向相反（见图2-33）。

④ 两个相邻的涂黑图例间应留有空隙，其宽度不得小于0.7mm（见图2-34）。

⑤ 一张图纸内同时出现两种及以上图样时（如立面图、剖面图、大样图同时存在），应保持同类图例的统一。

下列情况可不画材料图例，但应加文字说明。

① 一张图纸内的图样，只用一种室内装饰材料时。

② 图形太小而无法画出室内装饰材料图例时。

③ 面积过大的室内装饰材料图例，可在断面轮廓线内，沿轮廓线局部表示。

④ 如使用标准的图例中未包括的室内装饰材料，可自编图例，但自编的图例不得与标准所列的图例重复；应在图纸上适当位置画出该材料图例，并加以说明。

图2-33 两个相同图例的图例线表达

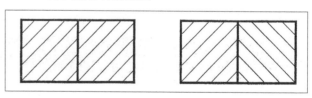

图2-34 两个相邻的涂黑图例表达

室内设计是一门综合性极强的艺术设计门类，这个专业有其自身的工作程序要求和设计规范。室内设计工作过程中，施工图的绘制是表达设计者设计意图的重要手段之一，是设计者与各相关专业交流的标准化语言，也是室内设计师必须掌握的基本技能。建筑室内设计涉及的造型结构、整体布局、材料构造以及施工制作等都需要在图纸上详尽地表达出来，以此作为施工或制作的依据（见图2-35）。因此，如何规范、快速绘制和修改施工图纸，满足设计和施工方案的需求，已成为一项重要的研究内容。

小贴士

» 室内设计有其自身独有的"内部语言"，这种语言就是制图，学会了这种语言，在设计过程中就可以将设计概念明确清晰地表达出来。

» 制图应做到图面清晰、简明、图示明确，符合设计、施工、审查、存档的要求，适应工程建设的需要。

图2-35 某办公空间平面布置图，设计需要在图纸上表达出来，以此作为施工的依据（单位：mm）

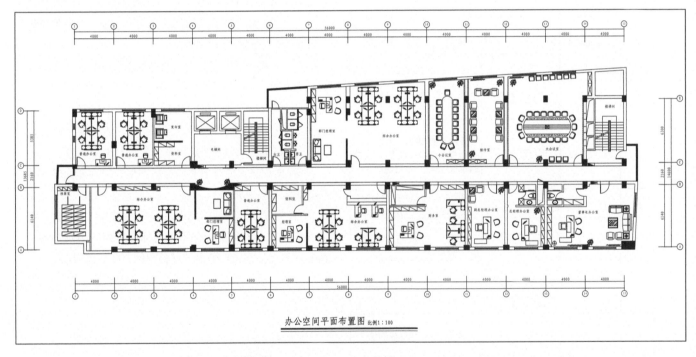

办公空间平面布置图 比例1:100

思考与延伸

1. 三维空间的物体如何转化为二维平面表达？

2. 三面正投影图的特点有哪些？对室内设计制图有何启发？

3. 室内平、顶、立面图的内容有几个方面？

4. 室内设计常用材料图例使用时应注意哪些事项？

第 3 章 AutoCAD2019软件基本知识

AutoCAD是一款功能强大的绘图软件，利用AutoCAD软件绘制的二维和三维图形，在建筑设计、室内设计、生产制造和技术交流中都起着不可替代的重要作用。本章重点介绍AutoCAD2019软件的工作界面、图形文件管理以及基本的使用方法，为下面进一步学习该软件打下坚实的基础。

3.1 AutoCAD2019的界面

AutoCAD2019的操作界面是显示、编辑图形的区域。启动AutoCAD2019，关闭"欢迎"窗口后，将显示"草图与注释"的工作界面，为了便于学习本书，我们采用AutoCAD软件默认的"草图与注释"界面进行认识。

AutoCAD完整的操作界面主要由① 应用程序按钮、② 快速访问工具栏、③ 工作空间、④ 标题栏、⑤ 交互信息工具栏、⑥ 功能区选项卡、⑦ 绘图区、⑧ 十字光标、⑨ 坐标系图标、⑩命令窗口、⑪布局标签、⑫状态栏等组成（见图3-1）。

图3-1 AutoCAD2019操作界面

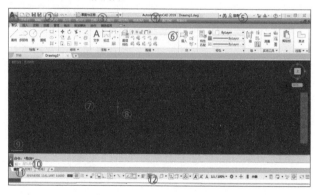

（1）标题栏

标题栏位于AutoCAD2019绘图窗口的最上端。在标题栏中显示了当前运行的应用程序和正在使用的图形文件信息。在用户第一次启动AutoCAD2019软件时，在绘图窗口的标题栏中，将显示AutoCAD2019在启动时创建的图形文件名称Drawing1.dwg（见图3-2）。

图3-2 AutoCAD2019标题栏

图3-3 菜单栏调用

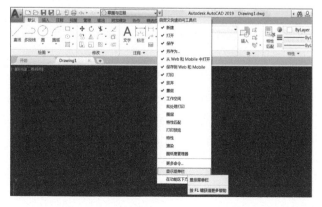

（2）菜单栏

AutoCAD2019默认的界面不显示菜单栏，可通过单击"快速访问"工具栏右侧的三角形，打开下拉菜单，选择"显示菜单栏"选项，即可调出菜单栏（见图3-3）。菜单栏包括了AutoCAD2019几乎全部的功能和命令，用户选择相应的选项即可执行或启动该命令。

（3）功能区

功能区是各命令选项卡的合称，用于显示与绘图任务相关的按钮和控件，存在于【草图与注释】、【三维基础】和【三维建模】空间中（见图3-4）。

【草图与注释】工作空间的【功能区】包含"默认""插入""注释""参数化""视图""管理""输出""附加模块""协作""精选应用"10个选项卡。每个选项卡包含若干个面板，每个面板又包含许多由图标表示的命令按钮（见图3-5），使用时单击即可打开命令。

（4）绘图区

绘图区是指功能区下方的空白区域，图形的绘制、修改、显示等各项工作都是在绘图区中完成的。

（5）坐标系图标

在绘图区的左下角是AutoCAD直角坐标系显示标志。坐标系图标的作用是为点的坐标确定一个参照系。根据工作需要用户可以选择将其关闭或打开（见图3-6）。

（6）模型/布局标签

AutoCAD2019系统默认设定一个模型空间标签和"布局1""布局2"两个图纸空间标签。一般系统默认打开模型空间，用户可以通过单击鼠标左键选择需要的布局。在系统默认的3个标签中，这些环境变量都是默认设置，用户可以根据实际需要改变这些变量的值（见图3-7）。

（7）命令行窗口

命令行窗口是输入命令和显示命令提示的区域，默认的命令行窗口位于绘图区下方（见图3-8）。按【Ctrl+9】快捷键可显示和关闭命令行窗口。按F2键可打开独立的命令行窗口，查询和编辑历史操作记录。

（8）状态栏

状态栏在屏幕的底部，依次有"坐标""模型空间""栅格""捕捉模式""推断约束""动态输入""正交模式""极轴追踪""等轴测草图""对象捕捉追踪""二维对象捕捉""线宽""透明度""选择循环""三维对象捕捉""动态UCS""选择过滤""小控件""注释可见性""自动缩放""注释比例""切换工作空间""注释监视器""单位""快捷特性""锁定用户界面""隔离对象""图形性能""全屏显示"29个功能按钮。左键单击显示图标按钮，可以实现这些功能的打开和关闭（见图3-9）。默认情况下，状态栏不会显示所有工具，可以通过状态栏上最右侧的按钮"自定义"菜单选择需要使用工具。

图3-4　二维的功能区存在于【草图与注释】空间中，三维的功能区存在于【三维基础】和【三维建模】空间中

图3-5　【草图与注释】工作空间的功能区

图3-6　坐标系图标的关闭或打开

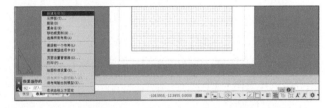

图3-7　AutoCAD2019的布局标签

图3-8　命令行窗口

图3-9　状态栏

3.2　AutoCAD2019软件的基本操作

3.2.1　AutoCAD命令使用方式

（1）使用命令行输入命令

命令行输入命令后，命令窗口会提示用户一步一步地进行选项的设定和参数的输入，所有的操作过程都会记录在命令窗口中。这种方法可以大大提高绘图的速度和效率，一般AutoCAD用户都用此方式绘制图形（见图3-10）。

AutoCAD绝大多数命令输入都有其相应的简写方式。如直线命令【LINE】的简写是L；矩形命令【RECTANGLE】的简写是REC。AutoCAD命令或参数输入不区分大小写，操作者不必考虑输入的大小写。

执行命令时，在命令行提示中出现命令选项，根据提示操作即可。如输入绘制圆命令【C】后，命令行提示如下。

命令：C

指定圆的圆心或 [三点(3P)/两点(2P)/切点、切点、半径(T)]：输入圆心坐标或屏幕任意点单击指定圆心

指定圆的半径或 [直径(D)]：直接输入半径数值或用鼠标指定半径长度

选项中不带括号的提示为默认选项，直接输入圆心坐标或在屏幕上指定一点；如果要选择其他选项，则应该首先输入该选项的标识字符，如"三点"选项的标识字符"3P"，然后按系统提示输入数据即可。在命令选项的后面有时还带有尖括号，尖括号内的数值为默认数值。

（2）使用功能区调用命令

功能区显示命令直观，适合不能熟记绘图命令的AutoCAD初学者。功能区界面无须显示多个工具栏，系统会自动显示与当前绘图操作相应的面板，从而使应用程序窗口更加整洁（见图3-11）。

（3）在绘图区打开快捷菜单

重复使用某个命令时可以在绘图区单击鼠标右键，打开快捷菜单，在"最近的输入"子菜单中选择需要的命令。"最近的输入"子菜单中储存最近使用的6个命令（见图3-12）。

（4）使用菜单选项调用命令

菜单栏调用命令是AutoCAD2019提供的功能最全的命令调用方法。AutoCAD2019常用命令都分门别类地放置在菜单栏中（见图3-13）。

（5）使用工具栏调用命令

工具栏调用命令是旧版本AutoCAD主要的执行方法。这种方式已不适合人们的使用需求，因此与菜单栏一样，工具栏也不显示在3个工作空间中，需要通过菜单栏"工具"-"工具栏"-"AutoCAD"命令调出。单击工具栏中的按钮即可执行相应的命令（见图3-14）。

本书使用过程中为了适应实践工作需要，主要以命令行输入命令的方式进行工具操作及绘制、修改图形。

图3-10　使用命令行输入命令

图3-11　使用功能区调用命令

图3-12　在绘图区打开快捷菜单

图3-13　菜单栏调用命令

图3-14　工具栏命令

3.2.2 命令的操作

（1）命令的重复

在绘图过程中，一个命令结束后需要再次执行同一个命令时，按Enter键或空格键就可以执行重复命令。

（2）命令的撤销

使用Esc键在命令执行的任何时刻都可以取消和终止命令的执行。

（3）命令的放弃

在绘图过程中，如果执行了错误的操作，使用快捷键Ctrl+Z或在命令行输入U就可以放弃命令使用。

（4）重做命令

通过重做命令，可以恢复前一次或者前几次已经放弃执行的操作，使用快捷键Ctrl＋Y或输入REDO即可重做。

（5）透明命令

在AutoCAD2019中，有些命令不仅可以直接使用，也可以在其他命令的使用过程中插入使用，这种命令称为透明命令。透明命令一般多为修改图形设置或打开辅助绘图工具的命令。如在执行直线【L】命令的过程中，不可以再执行圆【C】命令，但可以执行草图设置【SE】命令来指定中点、圆心等命令，因此草图设置【SE】命令就可以看作是透明命令。

在执行某一命令的过程中，直接通过菜单栏或工具按钮调用该命令。

在执行某一命令的过程中，在命令行输入单引号，然后输入该命令字符，并按Enter键执行该命令。

命令：ARC
指定圆弧的起点或 [圆心(C)]: 'SE（使用草图设置命令）
>>（执行SE命令，对象捕捉–选择圆心）
正在恢复执行ARC命令
指定圆弧的起点或[圆心(C)]: 继续执行原命令

（6）按键定义

在AutoCAD2019中，除了可以通过在命令窗口输入命令、单击工具栏图标或单击菜单项来完成外，还可以使用键盘上的一组功能键或快捷键，快速实现指定功能。选择"工具"—"自定义"—"界面"命令，系统弹出"自定义用户界面"对话框（见图3-15）。在左上角的列表框中选择"键盘快捷键"选项，然后在右上角的"快捷方式"列表中找到要定义的命令，双击其对应的主键值并进行修改。需注意按键定义不能与其他命令重复。

3.2.3 AutoCAD2019的文件管理

AutoCAD2019的文件管理包括新建文件、打开文件、保存文件、删除文件等，这些是进行CAD操作最基础的知识。

（1）新建文件

命令：NEW（或Ctrl+N）

执行上述命令后，系统弹出"选择样板"对话框（见图3-16）。在文件类型下拉列表框中有3种格式的图形样板，后缀分别是dwt、dwg、dws。

一般情况下，dwt文件是图形样板文件，通常将一些常用对象和图形设置保存为dwt文件；dwg文件是默认的图形文件；而dws文件是包含标准图层、标注样式、线型和文字样式的标准文件。

图3-15 "自定义用户界面"对话框

图3-16 "选择样板"对话框

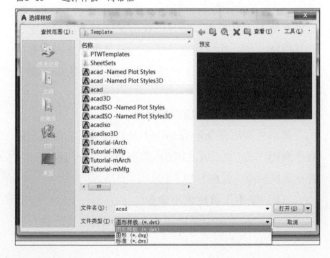

（2）打开文件

命令：OPEN（或Ctrl+O）

执行上述命令后，系统弹出 "选择文件" 对话框（见图3-17）。在 "文件类型" 列表框中，用户可选dwg文件、dwt文件、dxf文件和dws文件。

（3）保存文件

命令：QSAVE（或Ctrl+S）

执行上述命令后，若文件已命名，则AutoCAD系统将自动保存；若文件未命名（默认名drawing1.dwg），则系统弹出 "图形另存为" 对话框（见图3-18），用户可以命名保存。在 "保存于" 下拉列表中可以指定保存文件的路径；在 "文件类型" 下拉列表中可以指定保存文件的类型。

（4）文件另存

命令：SAVEAS（或Ctrl＋Shift＋S）

执行上述命令后，系统弹出 "图形另存为" 对话框，可以将图形用其他名称保存。

（5）退出

命令：QUIT（或EXIT）

执行上述命令后，若用户对图形所做的修改尚未保存，则会出现 "退出" 提示对话框（见图3-19），单击 "是" 按钮，系统将保存文件，然后退出；单击 "否" 按钮，系统将不保存文件。若用户对图形所做的修改已经保存，则直接退出。

（6）图形修复

命令：DRAWINGRECOVERY。

菜单："文件" → "图形实用工具" → "图形修复管理器"（见图3-20）。

执行上述命令后，系统弹出图形修复管理器，打开 "备份文件" 列表中的文件重新保存，从而进行图形文件修复。

图3-18 "图形另存为" 对话框

图3-19 "退出" 提示对话框

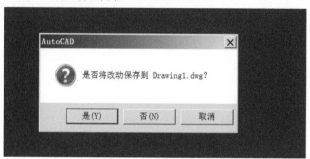

图3-17 "选择文件" 对话框

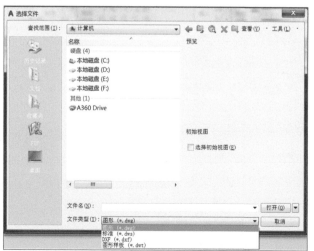

图3-20 图形修复

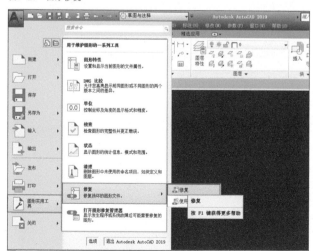

3.2.4　配置绘图系统

一般来讲，使用AutoCAD2019的默认配置就可以开展绘图工作，但为了使用定点设备或打印机，提高绘图的效率，减少基础的重复工作设置，建议用户在开始作图前进行必要的绘图系统配置。

（1）绘图环境设置

命令：OP

执行上述命令后，系统自动打开"选项"对话框（见图3-21）。用户可以在该对话框中选择有关选项，对系统进行配置。如打开"显示"选项卡，可以设置AutoCAD工作界面的一些显示选项，如窗口元素、布局元素、显示精度、显示性能、十字光标大小和淡入度控制等显示属性。

（2）绘图单位设置

命令：UN

执行上述命令后，系统弹出"图形单位"对话框（见图3-22）。对于室内设计CAD图形，可以设置长度类型为"小数"，精度为"0"，插入时的缩放单位为"毫米"，其他为默认。

（3）图形边界设置

AutoCAD的绘图空间是无限大的，但用户可以设定在程序窗口中显示出的绘图区域的大小。绘图时，事先对绘图区域的大小进行设定将有助于用户了解图形分布的范围。

命令：LIMITS

重新设置模型空间界限

指定左下角点或 [开(ON)/关(OFF)] <0,0>：回车键输入

指定右上角点 <12,9>：420,297（输入图形边界右上角点的坐标后按回车键）

使用视图缩放【Z】命令将设置好图形界限显示到窗口。

命令：Z

指定窗口的角点，输入比例因子(nX或nXP)，或者

ZOOM[全部(A)/中心(C)/动态(D)/范围(E)/上一个(P)/比例(S)/窗口(W)/对象(O)]<实时>：A

（4）图层设置

AutoCAD通过图层来编辑和调整图形对象，组织不同类型的信息。通过将对象分类放到各自的图层中，可以快速有效地控制对象的显示以及对其进行更改（见图3-23）。

图3-22　"图形单位"对话框

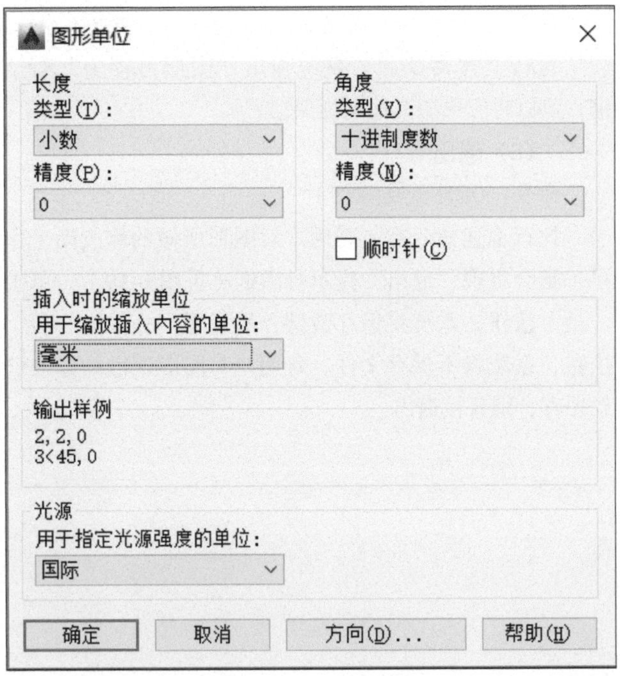

图3-21　"选项"对话框

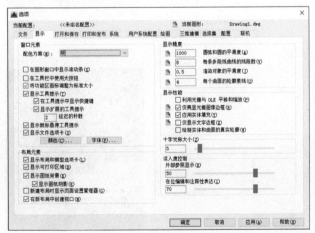

图3-23　AutoCAD的图层

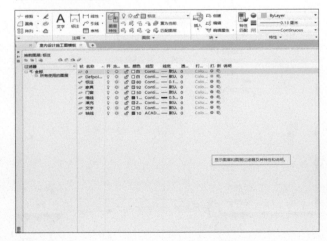

① 建立新图层。AutoCAD系统自动创建一个名为0的特殊图层。默认情况下，图层0将被指定使用"白"（7号）颜色、"Continuous"线型、"默认"线宽，以及"0"透明度等，不能删除或重命名图层0。通过创建新的图层，可以将类型相似的对象指定给同一个图层，使其相关联（见图3-24）。

命令：LA

执行上述命令后，系统弹出"图层特性管理器"对话框，输入新建Ctrl+N即可新建图层。

图层最长可使用255个字符的字母数字命名，图层特性管理器按名称的字母顺序排列图层。

② 设置图层。

a.设置图层线条颜色。在AutoCAD制图中，可以用不同图层颜色表示不同功能的图形对象。要改变图层的颜色时，单击图层对应的颜色图标，弹出"选择颜色"对话框（见图3-25），可以使用索引颜色、真彩色和配色系统3个选项卡来选择颜色。

b.设置图层线型。线型是指作为图形基本元素的线条的组成和显示方式。AutoCAD2019为了满足用户的绘制要求，系统提供了45种线型。

单击图层所对应的线型图标，弹出"选择线型"对话框，默认情况下，在"已加载的线型"列表框中，系统中只添加了Continuous线型。单击"加载"按钮，打开"加载或重载线型"对话框（见图3-26），用鼠标选择所需线型，单击"确定"按钮，即可把该线型加载到"已加载的线型"列表框中。可以按住Ctrl键选择几种线型同时加载。

c.设置图层线宽。AutoCAD使用不同宽度的线条表现图形对象的类型，提高图形的表达能力和可读性。

单击图层所对应的线宽图标，弹出"线宽"对话框（见图3-27），选择一个线宽，单击"确定"按钮完成对图层线宽的设置。

③ 控制图层。

a.切换当前图层。不同的图形对象需要绘制在不同的图层中，在绘制前，需要将工作图层切换到所需的图层上。打开"图层特性管理器"对话框，选择图层，双击鼠标左键即可完成设置。

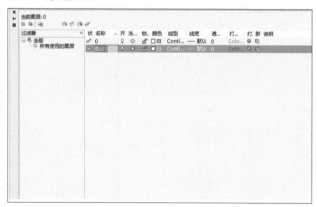

图3-24　建立新图层

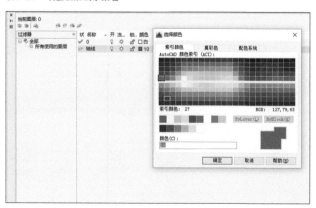

图3-25　设置图层线条颜色

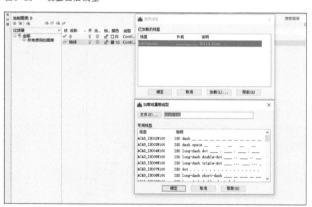

图3-26　设置图层线型

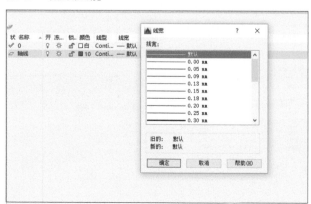

图3-27　设置图层线宽

b.删除图层。在"图层特性管理器"对话框中的图层列表框中选择要删除的图层，单击"删除图层"按钮即可删除该图层。图层0及图层Defpoints、当前图层、包含对象的图层、依赖外部参照的图层无法删除（见图3-28）。

c.关闭/打开图层。在"图层特性管理器"对话框中，单击"开/关图层"按钮，可以控制图层的可见性（见图3-29）。当图层关闭时，该图层上的图形不显示在屏幕上，不能被打印输出，但仍然作为图形的一部分保留在文件中。

d.冻结/解冻图层。在"图层特性管理器"对话框中，单击"在所有视口中冻结/解冻"按钮，可以冻结图层或将图层解冻（见图3-30）。冻结图层上的对象不能显示，也不能打印，同时也不能编辑修改该图层上的图形对象。

e.锁定/解锁图层。在"图层特性管理器"对话框中，单击"锁定/解锁图层"按钮，可以锁定图层或将图层解锁（见图3-31）。锁定图层后，该图层上的图形依然显示在屏幕上并可打印输出，也可以在该图层上绘制新的图形对象，但用户不能对该图层上的图形进行编辑修改操作。锁定图层可以防止对图形的意外修改。

f.透明度。在"图层特性管理器"对话框中，单击"透明度"按钮，可以设置该图层透明度（见图3-32）。

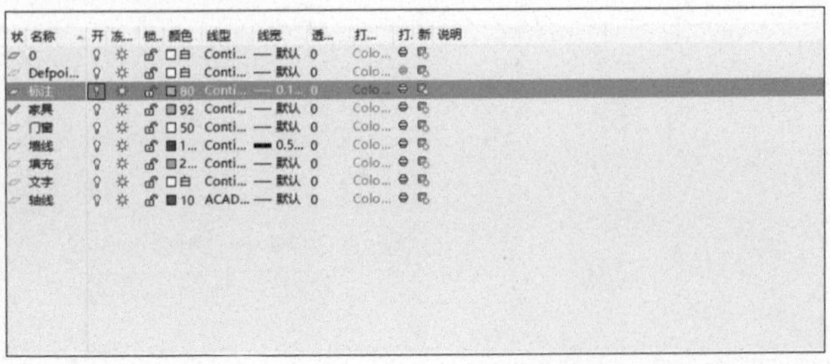

g. 打印/不打印。在"图层特性管理器"对话框中，单击"打印/不打印"按钮，可以设置在打印时该图层是否打印（见图3-33）。打印功能只对可见的图层起作用，对于已经被冻结或被关闭的图层不起作用。

图3-30   冻结/解冻图层

图3-31   锁定/解锁图层

图3-28   删除图层

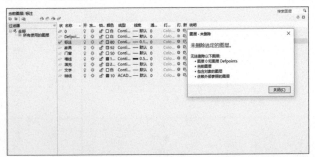

图3-29   关闭/打开图层

图3-32   设置图层透明度

图3-33   设置图层打印/不打印

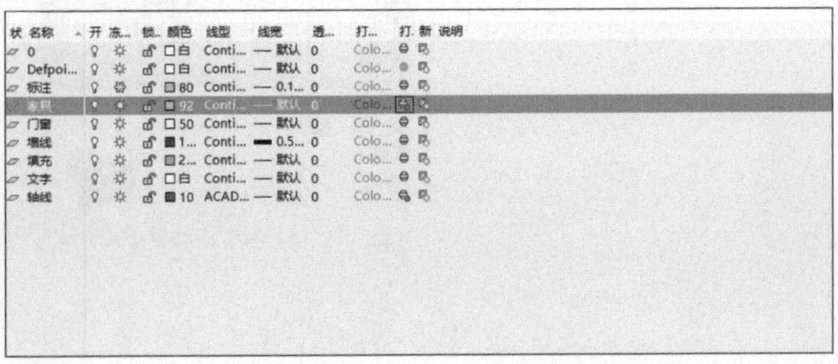

3.2.5 坐标系统

(1) 坐标系

AutoCAD图形中各点的位置都是由坐标系来确定的。在AutoCAD中，有两种坐标系：一种称为世界坐标系（WCS）的固定坐标系；一种称为用户坐标系（UCS）的可移动坐标系。

世界坐标系是坐标系统中的基准，绘制图形时多数情况下都是在这个坐标系统下进行的。

用户坐标系表示可以任意指定或移动原点和旋转坐标轴，还可以定义图形中的水平方向和垂直方向。在二维图形中，它可以方便地单击、拖动和旋转UCS以更改原点、水平方向和垂直方向。

(2) 坐标表示方法

在AutoCAD2019中，点的坐标主要用直角坐标、极坐标表示，每一种坐标又分别具有两种坐标输入方式：绝对坐标和相对坐标。下面主要介绍它们的表示方法。

① 绝对坐标。

a.直角坐标法。用点的X、Y坐标值表示的坐标。绝对直角坐标是指相对于坐标原点（0，0）的直角坐标，绝对直角坐标的输入格式为"X，Y"。两坐标值之间用"，"号分隔开。例如，（40，60）、（-50，20）（见图3-34）。

b.极坐标法。用长度和角度表示的坐标，只能用来表示二维点的坐标。在绝对坐标输入方式下，表示为"长度<角度"，如"30<45"，其中长度表为该点到坐标原点的距离，角度为该点至原点的连线与X轴正向的夹角（见图3-35）。

② 相对坐标。

a.在实际绘图工作中，用相对坐标的输入方法来进行绘制图形比较常见。所谓相对坐标，就是某点与相对点的相对位移值，在AutoCAD中相对坐标用"@"标识。使用相对坐标时可以使用直角坐标，也可以使用极坐标，可根据具体情况而定。

b.在相对坐标输入方式下，直角坐标输入方式为"@X，Y"，如输入"@30，50"，表示该点的坐标是相对于前一点的坐标值；极坐标表示为"@长度<角度"，如输入"@45<60"，其中长度为该点到前一点的距离，角度为该点至前一点的连线与X轴正向的夹角。

(3) 动态数据输入

在绘图的时候，有时可在光标处显示命令提示或尺寸输入框，这类设置称作动态输入。按下状态栏上的"DYNMODE"按钮，系统弹出动态输入功能，可以在屏幕上动态地输入某些参数数据，设置动态输入需打开SE"草图设置"对话框（见图3-36）。

图3-34 直角坐标法（单位：mm）

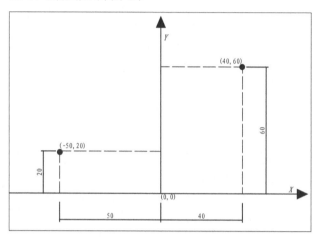

图3-35 极坐标法（单位：mm）

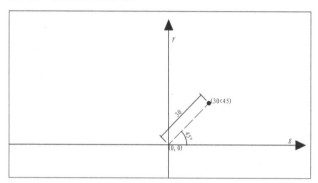

图3-36 动态数据输入

3.2.6　绘图辅助工具

要快速准确地完成图形绘制工作，AutoCAD2019提供了多种辅助工具，使用这类工具，我们可以很容易地在屏幕上进行精确的绘图。

（1）捕捉和栅格

栅格由有规则的点的矩阵组成，延伸到指定为图形界限的整个区域。使用栅格与在坐标纸上绘图是十分相似，利用栅格可以对齐对象并直观显示对象之间的距离。栅格不是图形对象，仅做视觉参考，不会被打印成图形中的一部分，也不会影响绘图。捕捉命令经常和栅格功能联用，当捕捉功能打开时，鼠标会自动捕捉到栅格点上，则鼠标移动的距离为栅格间距的整数倍。

栅格功能的开、关切换可使用快捷F7或单击状态栏上的"显示图形栅格"按钮，若亮显则为开启。捕捉功能的开、关切换可使用快捷键F9或单击状态栏上的"捕捉到图形栅格"按钮，若亮显则为开启。

设置捕捉和栅格参数时需打开"草图设置"对话框。

命令：SE

系统弹出"草图设置"对话框，点选"捕捉和栅格"（见图3-37），进行参数设置。

（2）极轴追踪

极轴追踪功能实际上是极坐标的一个应用。使用极轴追踪绘制直线时，捕捉到一定的极轴方向即确定了极角，然后输入直线的长度即确定了极半径，主要用来绘制带角度的直线。

极轴追踪功能的开、关切换可使用快捷键F10或单击状态栏上的"极轴追踪"按钮，若亮显则为开启。

设置极轴追踪参数时需打开"草图设置"对话框。

命令：SE

系统弹出"草图设置"对话框，点选"极轴追踪"（见图3-38），可以进行极轴追踪参数设置。

（3）对象捕捉

对象捕捉的实质是对图形对象特征点的捕捉。在"对象捕捉"功能开启的情况下，系统会自动捕捉某些特征点，如圆心、中点、端点、节点等。

对象捕捉功能的开、关切换可使用快捷键F3或单击状态栏中的"对象捕捉"按钮，若亮显则为开启。

对象捕捉功能设置时需打开"草图设置"对话框。

命令：SE

系统弹出"草图设置"对话框，点选"对象捕捉"（见图3-39），设置对象捕捉参照点。

图3-37　设置"捕捉和栅格"参数

图3-38　设置"极轴追踪"功能

图3-39　设置"对象捕捉"功能

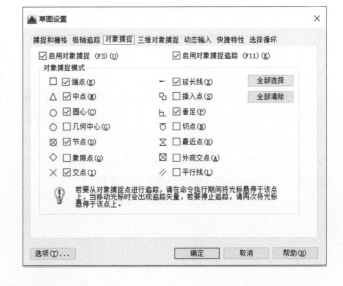

对象捕捉命令必须配合绘图命令一起使用，不能单独使用。对象捕捉只影响屏幕上可见的对象，包括锁定图层、布局视口边界和多段线上的对象。

（4）对象捕捉追踪

启用对象捕捉追踪功能后，在绘图的过程中需要指定点时，光标可以沿基于其他对象捕捉点的对齐路径进行追踪。

对象捕捉追踪功能的开、关切换可使用快捷键F11或单击状态栏中的"对象捕捉追踪"选项按钮，若亮显则为开启。

打开"草图设置"对话框中的"极轴追踪"选项卡，可以对"对象捕捉追踪"进行设置。

（5）正交绘图

正交绘图模式，即在命令的执行过程中，光标只能沿X轴或Y轴移动。正交功能限制了直线的方向，所以绘制水平或垂直直线时，指定方向后直接输入长度即可，不必再输入完整的坐标值。

设置正交绘图时可使用快捷键F8或直接单击状态栏中的"正交"按钮，相应地会在命令行窗口中显示开/关提示信息。

（6）视图缩放

视图缩放命令可以放大或缩小屏幕所显示的范围，仅仅是对图形在屏幕上的显示进行控制，图形本身并没有任何改变。

命令：Z

执行上述命令后，系统提示如下。

[全部(A)/中心点(C)/动态(D)/范围(E)/上一个(P)/比例(S)/窗口(W)] <实时>：

选项说明如下。

① 实时：该选项可以通过上下移动鼠标交替进行放大和缩小。

② 全部（A）：该选项可查看当前视口中的整个图形。

③ 中心点（C）：该选项通过确定一个中心点调整显示窗口。操作过程中需要指定中心点、输入比例或高度。

④ 动态（D）：该选项通过操作一个表示视口的视图框，可以确定所需显示的区域。此功能常用于观察和缩放比例较大的图形。

⑤ 范围（E）：该选项可以使图形缩放至整个显示范围。应用这个选项，图形中所有的对象都将尽可能地被放大。

⑥ 上一个（P）：该选项可以在绘图时放大图形局部进行细节的编辑，该选项使用可以恢复到前一个视图显示的图形状态。连续使用"上一个（P）"选项可以恢复前10个视图。

⑦ 比例（S）：该选项将当前的窗口中心作为中心点，按照输入的比例参数调整视图。

⑧ 窗口（W）：该选项通过确定一个矩形窗口的两个对角来指定所需缩放的区域。

（7）视图平移

可以将当前视口之外的图形移动进来查看或编辑，也可以使用图形平移命令移动图形到视窗合适位置，图形平移不会改变图形的缩放比例。

命令：P

平移命令激活之后，光标形状将变成一只"小手"，可以在绘图窗口中任意移动，以示当前正处于平移模式。单击并按住鼠标左键，拖动图形使其移动到所需位置上。

思考与延伸

1. AutoCAD工作界面有哪些?各自有何功能?

2. AutoCAD文件如何管理?

3. AutoCAD常用辅助工具有哪些?各自有何功能?

4. AutoCAD图层有什么作用?

第 4 章　二维图形绘制

二维图形是指在二维平面空间绘制的图形，主要由点、直线、圆弧、圆等图形元素组成。AutoCAD2019提供了大量的绘图工具，可以帮助用户轻松完成二维图形的绘制。本章主要介绍AutoCAD2019对平面类二维图形的绘制方法和技巧。对绘图命令的熟练掌握和使用有助于提高绘图能力及绘图的效率。

4.1 线类图形绘制

使用AutoCAD进行室内设计制图时，线类绘图工具包括直线、构造线、射线、多线、多段线、样条曲线、圆弧等，这些线图元是组成图形的基本单元。

AutoCAD2019提供多种执行绘图命令的方法。用户可以在命令行中输入绘图命令的字母（见图4-1）；可以在功能区中选择绘图工具按钮（见图4-2）；也可以通过"绘图"菜单调用命令（见图4-3）；还可以在"绘图"工具栏中选择命令按钮（见图4-4）；用户在绘制图形的过程中，也可以利用右键快捷菜单调用绘图命令（见图4-5）。每个绘图命令都有多种执行方式，本部分主要采用命令行输入绘图命令的执行方式。

图4-3　"绘图"菜单调用命令

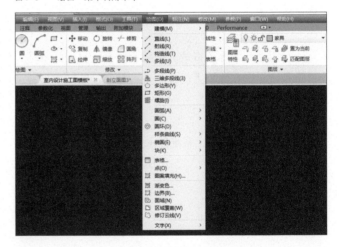

图4-1　命令行中输入绘图命令

图4-4　"绘图"工具栏中选择命令按钮

图4-2　功能区中选择绘图工具按钮

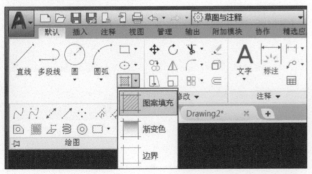

图4-5　右键快捷菜单调用绘图命令

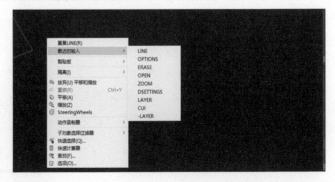

4.1.1 直线

（1）直线基本绘制方法

绘制直线的命令是【LINE】（缩写为"L"）。执行该命令时，既可以绘制一条直线段，也可以绘制一系列首尾相连的直线段。

命令：L

指定第一个点：用鼠标指定点或者输入点的坐标

指定下一点或 [放弃(U)]：输入直线段的端点，也可以用鼠标指定一定角度后，直接输入直线段的长度

指定下一点或 [放弃(U)]：输入下一直线段的端点。输入选项U表示放弃前面的输入；单击鼠标右键或按Enter键，结束命令

指定下一点或 [闭合(C)/放弃(U)]：输入下一直线段的端点，或输入选项C使图形闭合，结束命令

（2）选项说明

① 指定第一个点：用户输入直线段的起点（可以用鼠标指定点或者给定点的坐标）。

② 指定下一点：用户可以依次指定多个端点，从而绘制出多条直线段。每一段直线都是独立的对象，可以进行单独的编辑操作。

③ 闭合（C）：系统会自动连接直线命令的起点和最后一个端点，绘制出封闭的图形。

④ 放弃（U）：输入该选项，则会去除最近一次绘制的直线段。

（3）实例

绘制餐桌图形，了解直线命令的使用方法（见图4-6）。

① 绘制餐桌外轮廓。

命令：L

指定第一个点：0,0

指定下一点或 [放弃(U)]：@1200,0

指定下一点或 [放弃(U)]：@0,800

指定下一点或 [闭合(C)/放弃(U)]：@-1200,0

指定下一点或 [闭合(C)/放弃(U)]：C

② 绘制内部结构。

命令：L

指定第一个点：20,20

指定下一点或 [放弃(U)]：@1160,0

指定下一点或 [放弃(U)]：@0,760

指定下一点或 [闭合(C)/放弃(U)]：@-1160,0

指定下一点或 [闭合(C)/放弃(U)]：C

餐桌图形绘制完成，按Ctrl+S组合键进行保存。

4.1.2 构造线

（1）构造线基本绘制方法

绘制构造线的命令是【XLINE】（缩写为"XL"）。构造线是两端都无限延长的线，主要用于创建和构造参考线，常用于辅助绘图。构造线在绘图输出时不做输出。

> **小贴士**
> » 绘制图形如果无法完全显示，需修改图形界限并缩放视图。
> » 绘制水平直线段或垂直直线段可以设置正交模式(快捷键F8)，在正交模式下只需输入线段的长度值即可绘制水平直线段或垂直直线段。
> » 设置极轴追踪功能(快捷键F10)，执行直线【L】命令后，光标就沿用户设定的极轴方向移动，AutoCAD在该方向上显示一条追踪辅助线及光标点的极坐标值。

图4-6 绘制餐桌图形（单位：mm）

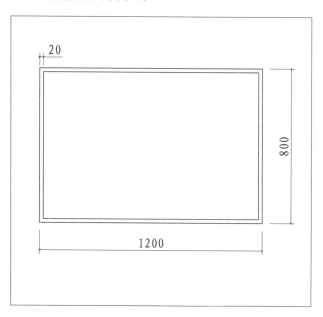

命令：XL

指定点或[水平(H)/垂直(V)/角度(A)/二等分(B)/偏移(O)]：

（2）选项说明

① 水平（H）和垂直（V）：绘制水平和垂直的构造线。

② 角度（A）：绘制用户所输入角度的构造线。

③ 二等分（B）：绘制两条相交直线的角平分线。

④ 偏移（O）：通过输入偏移距离和选择要偏移的直线来绘制与该直线平行的构造线。

4.1.3　多段线

（1）多段线基本绘制方法

绘制多段线的命令是【PLINE】（缩写为"PL"）。多段线是一种由线段和圆弧组合而成的、可以设置不同线宽的综合线。多段线绘制的图形为一个整体，不能单独编辑。一般情况下多段线起点宽度将成为默认的端点宽度，端点宽度在再次修改宽度之前将作为所有后续线段的统一宽度。

命令：PL

指定起点：指定多段线的起点

当前线宽为0

指定下一个点或 [圆弧(A)/半宽(H)/长度(L)/放弃(U)/宽度(W)]：

（2）选项说明

① 圆弧（A）：切换绘制圆弧。

② 半宽（H）：指定从多段线的中心到其一边的宽度。起点半宽将成为默认的端点半宽。

③ 长度（L）：在与上一线段相同的角度、方向上绘制指定长度的直线段。

④ 宽度（W）：设置多段线起始与结束的宽度值。

（3）编辑多段线

命令：PEDIT

选择多段线或 [多条(M)]：选择要编辑的多段线或线段

输入选项 [闭合(C)/合并(J)/宽度(W)/编辑顶点(E)/拟合(F)/样条曲线(S)/非曲线化(D)/线型生成(L)/放弃(U)]：

选项说明如下。

① 合并（J）：将选中的直线段、圆弧或多段线合并成为一条多段线。能合并的条件是各段线的端点首尾相连。

② 宽度（W）：修改整条多段线的线宽，使其具有同一线宽。

③ 拟合（F）：从指定的多段线生成由光滑圆弧连

接而成的圆弧拟合曲线，该曲线经过多段线的各顶点。

④ 非曲线化（D）：用直线代替指定的多段线中的圆弧。

（4）实例

绘制箭头，了解多段线命令的使用方法（见图4-7）。

命令：PL

指定起点：

当前线宽为0

指定下一个点或 [圆弧(A)/半宽(H)/长度(L)/放弃(U)/宽度(W)]：W

　指定起点宽度 <0>：10

　指定端点宽度 <10>：10

　指定下一个点或 [圆弧(A)/半宽(H)/长度(L)/放弃(U)/宽度(W)]：200

　指定下一点或 [圆弧(A)/闭合(C)/半宽(H)/长度(L)/放弃(U)/宽度(W)]：W

　指定起点宽度 <10>：60

　指定端点宽度 <60>：0

　指定下一点或 [圆弧(A)/闭合(C)/半宽(H)/长度(L)/放弃(U)/宽度(W)]：100

　指定下一点或 [圆弧(A)/闭合(C)/半宽(H)/长度(L)/放弃(U)/宽度(W)]：空格键结束命令

箭头图形绘制完毕，按Ctrl+S组合键进行保存。

图4-7　绘制箭头（单位：mm）

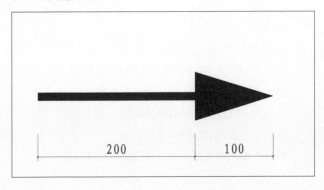

4.1.4　多线

（1）多线基本绘制方法

多线命令是【MLINE】(缩写为"ML")。多线是一种复合线，由多条平行的直线段复合组成。多线可以提高绘图效率，保证图线之间的统一性。

命令：ML

当前设置：对正=上，比例=20，样式= STANDARD

指定起点或 [对正(J)/比例(S)/样式(ST)]：指定起点

（2）选项说明

① 对正（J）：该选项用于给定绘制多线的基准。共有3种对正类型："上（T）""无（Z）"和"下（B）"。"上（T）"表示以多线上侧的线为基准；"无（Z）"表示中间；"下（B）"表示以多线下侧的线为基准。

② 比例（S）：该项要求用户设置平行线的间距。

③ 样式（ST）：该项用于设置当前使用的多线样式。

（3）定义多线样式

命令：MLSTYLE

执行命令后，弹出"多线样式"对话框（见图4-8）。在该对话框中用户可以新建、修改、加载或者保存多线样式。单击其中的【新建】按钮，根据系统提示命名后打开【新建多线样式】对话框，可以在其中设置多线的各种特性（见图4-9）。

（4）编辑多线

命令：MLEDIT

执行该命令后，弹出"多线编辑工具"对话框（见图4-10），可以对绘制好的多线进行编辑。

（5）实例

绘制居室空间墙体，了解多线命令的使用方法（见图4-11）。

图4-8　"多线样式"对话框

图4-9　"新建多线样式"特性设置对话框

图4-10　"多线编辑工具"对话框

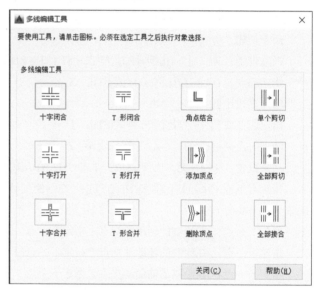

图4-11　绘制居室空间墙体（单位：mm）

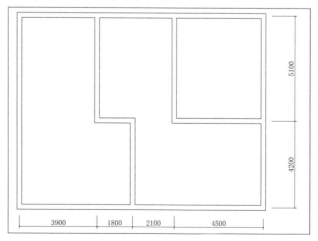

① 使用图形界限【LIMITS】命令设置8000mm×8000mm的图形界限，使用视图缩放【Z】命令全屏缩放。

② 设置图层。

a.使用图层【LA】命令新建图层1，命名轴线，设置颜色为红色，线型为 Center，线宽为默认，鼠标左键双击两下将"轴线"图层设置为当前图层。

b.新建图层2，命名墙线，设置颜色为蓝色，线型为Continuous，线宽为0.35mm。

③ 绘制轴网。

a.使用构造线【XL】命令绘制一条水平构造线和一条竖直构造线，组成十字形辅助线（见图4-12）。

b.使用构造线【XL】"偏移（O）"选项，将水平构造线依次向上偏移4200mm、5100mm；重复偏移（O）命令，将垂直构造线依次向右偏移3900mm、1800mm、2100mm和4500mm，得到居室空间的辅助线网格（见图4-13）。

④ 绘制墙体。

a.将"墙线"图层设为当前图层，使用多线【ML】命令绘制外部墙体。

命令：ML

当前设置：对＝上，比例＝20，样式＝STANDARD

指定起点或 [对正(J)/比例(S)/样式(ST)]：S

输入多线比例 <20>：240

指定起点或 [对正(J)/比例(S)/样式(ST)]：J

输入对正类型 [上(T)/无(Z)/下(B)] <上>：Z

当前设置：对正=无，比例=240，样式＝STANDARD

指定起点或 [对正(J)/比例(S)/样式(ST)]：在绘制的辅助线交点上单击

指定下一点：在绘制的辅助线交点上指定下一点

指定下一点：在绘制的辅助线交点上指定下一点

指定下一点：在绘制的辅助线交点上指定下一点

指定下一点或 [闭合(C)/放弃(U)]：C

b.根据墙体构造绘制其他多线，完成图形绘制（见图4-14）。

⑤ 使用多线编辑工具编辑墙体。

命令：MLEDIT

系统弹出"多线编辑工具"对话框，单击其中的"T形打开"选项，选择竖向相交和横向相交多线进行修改，完成图形编辑（见图4-15）。

居室空间墙体图形绘制完毕，按Ctrl+S组合键进行保存。

样条曲线【SPL】命令、修订云线【REVCLOUD】命令、射线【RAY】命令比较简单，根据命令行提示操作即可，这里不再一一讲述。

图4-12　居室图形的辅助线

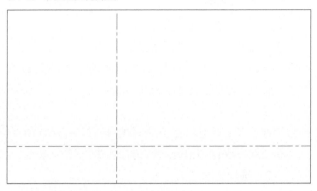

图4-13　居室的辅助线网格（单位：mm）

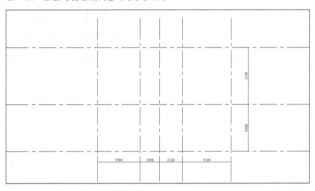

图4-14　多线绘制居室空间墙体（单位：mm）

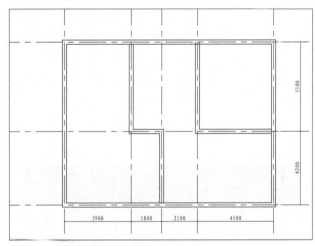

图4-15　使用多线编辑工具进行编辑，完成图形绘制（单位：mm）

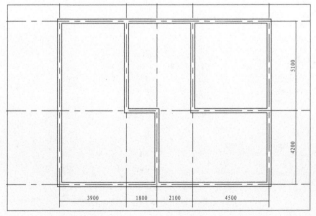

4.2　点的绘制

4.2.1　绘制点

绘制点的命令是【POINT】(缩写为"PO")。点在AutoCAD2019中有多种不同的表示方式，用户可以根据需要进行设置，如设置等分点和测量点。

命令：PO

当前点模式：PDMODE=0　PDSIZE=0

指定点：指定点所在的位置

4.2.2　设置点样式

在AutoCAD中，系统默认情况下绘制的点显示为一个小圆点，在屏幕中很难看清，因此可以使用"点样式"设置，调整点的外观形状，也可以调整点的尺寸大小，以便根据需要让点显示在图形中。

命令：PTYPE

打开"点样式"对话框，设置点样式（见图4-16）。

4.2.3　绘制定数等分

（1）定数等分基本绘制方法

绘制定数等分点的命令是【DIVIDE】（缩写为"DIV"）。

命令：DIV

选择要定数等分的对象：选择要等分的图形

输入线段数目或 [块(B)]：指定图形的等分数

（2）选项说明

① 输入线段数目。该选项为默认选项，输入数字即可将被选中的图形按要求平分。

② 块（B）。表示在等分点处可以使用指定的块（BLOCK）进行定数等分。

（3）实例

将1000mm线段等分为5份，了解定数等分命令的使用方法（见图4-18）。

① 绘制直线。

命令：L

指定第一个点：鼠标指定屏幕任一点

指定下一点或 [放弃(U)]：1000

指定下一点或 [放弃(U)]：回车键结束

② 绘制定数等分点。

命令： DIV

选择要定数等分的对象：选择线段

输入线段数目或 [块(B)]：5

③ 设置点样式。

命令：PTYPE

打开"点样式"对话框，设置点样式。

定数等分图形绘制完成，按Ctrl+S组合键进行保存。

图4-16　设置"点样式"对话框

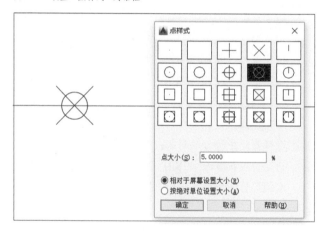

图4-17　节点设置

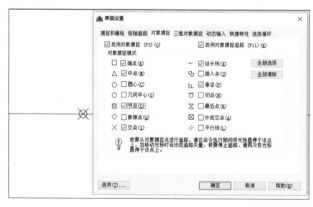

图4-18　定数等分命令的使用（单位：mm）

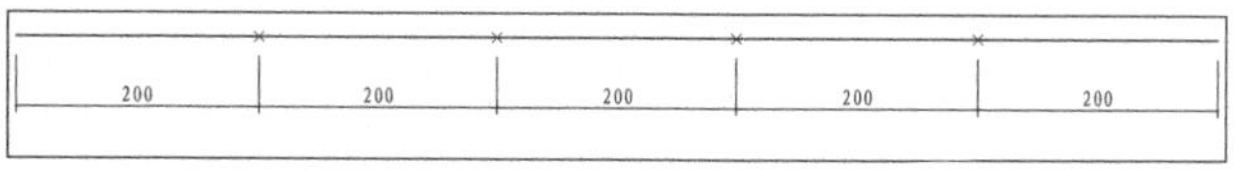

小贴士

» 通过菜单方法进行操作时，单点命令表示只输入一个点，多点命令表示可输入多个点。

» 绘制定数等分时，如果等分点不可见，是因为系统默认点和线段重合，修改点的样式即可出现等分点标识。

» 等分点名称为节点，如需捕捉点，应打开对象捕捉的节点设置（见图4-17）。

4.2.4　绘制定距等分

（1）定距等分基本绘制方法

绘制定距等分点命令是【MEASURE】(缩写为"ME")。需注意定距等分命令使用时，用鼠标选择线段，离哪个端点距离近就从哪边开始计算等分的距离。

命令：ME

选择要定距等分的对象：选择要设置等分的图形

指定线段长度或[块(B)]：指定分段长度

（2）选项说明

① 指定线段长度：该选项为默认选项，输入的数字即为分段的长度

② 块（B）：表示可以使用指定的块（BLOCK）进行定矩等分。

（3）实例

绘制1000mm线段，以300mm距离进行定距等分，了解定距等分命令的使用方法（见图4-19）。

① 绘制直线。

命令：L

指定第一个点：鼠标指定屏幕任一点

指定下一点或[放弃(U)]：1000

指定下一点或[放弃(U)]：回车键结束命令

② 绘制定距等分点。

命令：ME

选择要定距等分的对象：

指定线段长度或[块(B)]：300

定距等分图形绘制完成，按Ctrl+S组合键进行保存。

4.3　封闭图形绘制

4.3.1　绘制圆图形

（1）圆图形基本绘制方法

绘制圆的命令是【CIRCLE】(缩写为"C")。圆是最简单的封闭曲线，也是绘制室内设计各类图块时经常用的图形单元。

命令：C

指定圆的圆心或 [三点(3P)/两点(2P)/切点、切点、半径(T)]：鼠标屏幕任意点单击指定圆心

指定圆的半径或 [直径(D)]：直接输入半径数值或用鼠标指定半径长度

（2）选项说明

① 三点（3P）：用指定圆周上三点的方法画圆。

② 两点（2P）：指定直径的两个端点的方法画圆。

③ 切点、切点、半径（T）：先指定两个相切对象，再给出半径数值的方法画圆。

（3）实例

绘制吸顶灯图形，了解圆命令的使用方法（见图4-20）。

① 打开草图设置【SE】对话框，在"对象捕捉"选项内勾选圆心、中点、象限点命令。

② 绘制水平线段。

命令：L

指定第一个点：鼠标指定屏幕任一点

指定下一点或[放弃(U)]：400

指定下一点或[放弃(U)]：回车键结束命令

③ 绘制圆形。

命令：C

指定圆的圆心或 [三点(3P)/两点(2P)/切点、切点、半径(T)]：捕捉直线中点

指定圆的半径或 [直径(D)]：150

命令：C

指定圆的圆心或 [三点(3P)/两点(2P)/切点、切点、半径(T)]：捕捉直线中点

指定圆的半径或 [直径(D)] <150>：200

④ 绘制垂直线段。

命令：L

指定第一个点：圆上端象限点

指定下一点或[放弃(U)]：圆下端象限点

指定下一点或[放弃(U)]：回车键确认

图4-19　定距等分命令的使用

图4-20　绘制吸顶灯图形

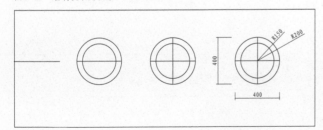

4.3.2　绘制圆弧

（1）圆弧基本绘制方法

绘制圆弧的命令是【ARC】(缩写为"A")。在室内设计中，常常会遇到圆弧造型，如开启的门扇、家具弧形拉手、拱形的立面造型，这些都需要圆弧命令的使用。

命令：A

指定圆弧的起点或 [圆心(C)]： 指定起点

指定圆弧的第二点或 [圆心(C)/端点(E)]： 指定第二点

指定圆弧的端点： 指定端点

（2）实例

绘制单开门图形，了解圆弧命令的使用方法（见图4-21）。

① 使用草图设置【SE】命令，打开"对象捕捉"对话框，勾选圆心、端点命令。

② 打开F8正交模式。

③ 绘制门图形（见图4-21）。

命令：L

指定第一个点： 鼠标指定屏幕任一点

指定下一点或[放弃(U)]： 40

指定下一点或[放弃(U)]： 1000

指定下一点或[闭合(C)/放弃(U)]： 40

指定下一点或[闭合(C)/放弃(U)]： C

④ 绘制开门方向。

命令：A

指定圆弧的起点或[圆心(C)]： C

指定圆弧的圆心： 矩形右下角点

指定圆弧的起点： 矩形右上角点

指定圆弧的端点(按住Ctrl键以切换方向)或[角度(A)/弦长(L)]： A

指定夹角(按住Ctrl键以切换方向)： 90

单开门图形绘制完毕，按Ctrl+S组合键进行保存。

4.3.3　绘制椭圆

（1）椭圆基本绘制方法

绘制椭圆的命令是【ELLIPSE】（缩写为"EL"）。椭圆命令用于绘制由两条不等的轴所控制的闭合曲线，椭圆具有中心点、长轴和短轴等几何特征。

命令：EL

指定椭圆的轴端点或 [圆弧(A)/中心点(C)]： 鼠标指定屏幕任一点

指定轴的另一个端点： 使用鼠标确定或输入参数值

指定另一条半轴长度或 [旋转(R)]： 使用鼠标确定或输入参数值

（2）选项说明

① 指定椭圆的轴端点：根据两个端点，定义椭圆的第一条轴。第一条轴确定了整个椭圆的长度。

② 指定另一条半轴长度：通过另一条半轴的长度确定了整个椭圆的宽度。

③ 圆弧（A）：选项用于创建一段椭圆弧。

图4-21　绘制单开门图形（单位：mm）

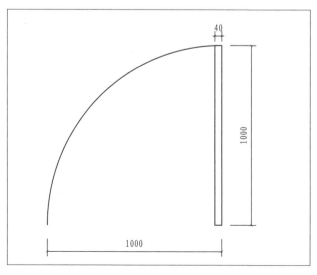

小贴士

» 用命令行方式画圆弧时，可以根据系统提示选择不同的选项，具体功能和用"绘制"菜单中的"圆弧"子菜单提供的11种方式的功能相似。

» 采用端点和半径模式时，注意端点的指定顺序，否则有可能导致圆弧的凹凸形状与预期的相反。

» CAD数值输入"±"表示是方向，在角度里"-"是顺时针旋转，"+"是逆时针旋转，"+"通常不用输入。

4.3.4 绘制圆环

绘制圆环的命令是【DONUT】（缩写为"DO"）。圆环是由同一圆心、不同直径的两个同心圆组成的，控制圆环的参数是圆心、内直径和外直径。若指定内径为零，则画出实心填充圆（见图4-22）。

命令：DO

指定圆环的内径 <默认值>：指定圆环内径

指定圆环的外径 <默认值>：指定圆环外径

指定圆环的中心点或 <退出>：指定圆环的中心点

指定圆环的中心点或 <退出>：继续指定圆环的中心点，则继续绘制具有相同内外径的圆环。按Enter键、空格键或鼠标右键单击，结束命令

使用填充【FILL】命令可以控制圆环是否填充（见图4-23）。

命令：FILL

输入模式 [开(ON)/关(OFF)] <开>：选择ON表示填充，选择OFF表示不填充

4.3.5 绘制矩形

（1）矩形基本绘制方法

绘制矩形的命令是【RECTANG】（缩写为"REG"）。矩形是一个上下、左右两边相等，且转角为90°的封闭多段线图形。

图4-22　内径为零画出实心填充圆

图4-23　圆环填充与不填充效果

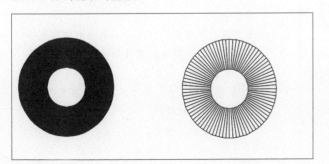

命令：REC

指定第一个角点或 [倒角(C)/标高(E)/圆角(F)/厚度(T)/宽度(W)]：鼠标指定屏幕任意一点或输入坐标数值

指定另一个角点或 [面积(A)/尺寸(D)/旋转(R)]：鼠标指定屏幕任意一点或输入数值确定矩形大小

（2）选项说明

① 指定第一个角点与指定另一个角点：通过指定两个角点确定矩形大小，采用相对直角坐标法输入第二个角点的数值时，前面必须加入@符号。

② 倒角（C）：指定倒角的距离可以绘制带倒角的矩形。

③ 圆角（F）：指定圆角的半径可以绘制带圆角的矩形。

④ 宽度（W）：指矩形线宽，不影响物体尺寸。

（3）实例

绘制1000mm×1000mm圆角矩形，圆角半径为50mm，了解矩形命令的使用方法（见图4-24）。

命令：REC

指定第一个角点或 [倒角(C)/标高(E)/圆角(F)/厚度(T)/宽度(W)]：F

指定矩形的圆角半径 <0>：50

指定第一个角点或 [倒角(C)/标高(E)/圆角(F)/厚度(T)/宽度(W)]：鼠标指定屏幕任一点

指定另一个角点或 [面积(A)/尺寸(D)/旋转(R)]：@1000，1000

4.3.6 绘制多边形

（1）多边形基本绘制方法

绘制多边形的命令是【POLYGON】(缩写为"POL"）。多边形是由3条或3条以上长度相等的线段首尾相接形成的闭合图形，不能单独对每个边进行编辑。

图4-24　矩形命令的使用方法（单位：mm）

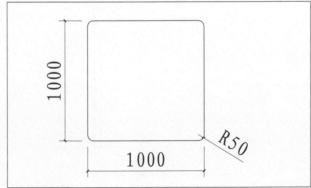

命令：POL

输入侧面数 <4>：指定多边形的边数，默认值为4

指定正多边形的中心点或 [边(E)]：指定中心点

输入选项 [内接于圆(I)/外切于圆(C)] <I>：选择内接于圆或外切于圆，默认内接于圆（见图4-25）。

指定圆的半径：指定外接圆或内切圆的半径

（2）选项说明

① 边（E）：指定多边形的一条边，按逆时针方向创建该正多边形。

② 内接于圆（I）：绘制的多边形内接于圆。

③ 外切于圆（C）：绘制的多边形外切于圆。

（3）实例

绘制八角凳，了解多边形命令的使用方法（见图4-26）。

① 绘制半径为200mm正多边形。

命令：POL

输入侧面数 <8>：8

指定正多边形的中心点或 [边(E)]：指定中心点

输入选项 [内接于圆(I)/外切于圆(C)] <I>：C

指定圆的半径：200

② 用同样的方法绘制半径为180mm正多边形。

八角凳图形绘制完毕，按Ctrl+S组合键进行保存。

4.4　图案填充

4.4.1　图案填充基本绘制方法

图案填充命令是【HBHATCH】(缩写为"H")。图案填充命令可以对指定的图形对象或者物体轮廓执行图案填充操作，以便更好地表达图形的含义或与其他图形作区分。

命令：H

执行命令后，系统打开"图案填充创建"选项卡（见图4-27）。

4.4.2　工具栏选项

（1）边界工具栏

用于确定图案填充边界（见图4-28）。

① 拾取点。根据围绕指定点形成封闭区域的现有对象确定图案填充边界。

② 选择。工具用于指定对象的填充边界，使用此选择选项时，不会自动检测内容对象。

③ 删除。工具用于从边界定义中删除之前添加的对象。

④ 重新创建。工具用于围绕选定的图案填充创建多段线或面域，并将图案填充对象与之关联。

图4-25　外切于圆与内接于圆

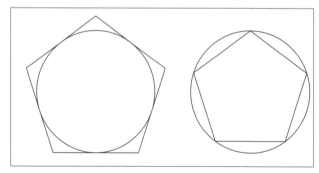

图4-27　图案填充创建选项卡

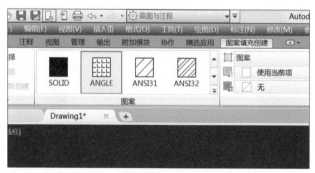

图4-26　绘制八角凳

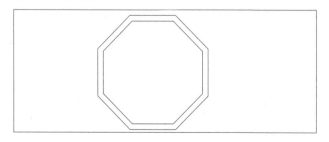

图4-28　边界工具栏

（2）图案工具栏

显示系统默认的预定义和自定义图案的预览图像（见图4-29）。

（3）特性工具栏

显示填充属性（见图4-30）。

① 填充类型。指定使用图案、实体、渐变色、用户定义的填充（见图4-31~图4-34）。

② 图案填充颜色。替代实体填充和填充图案的当前颜色。

③ 背景色。指定填充图案背景的颜色。

④ 图案填充透明度。可以设定、修改图案填充的透明度。

⑤ 图案填充角度。指定填充图案的角度。

⑥ 填充图案比例。放大或缩小预定义或自定义填充的图案。

⑦ 相对图纸空间。相对于图纸空间单位缩放填充图案（仅在布局中可用）。使用此选项，可以很容易地做到以适合于布局的比例显示填充图案。

⑧ 双。绘制与原始直线成90°的另一组直线，从而构成交叉线（仅当"图案填充类型"设定为"用户定义"时可用）。

⑨ ISO笔宽。根据选定的笔宽缩放ISO预定义图案（仅对于预定义的ISO图案可用）。

图4-29　图案工具栏

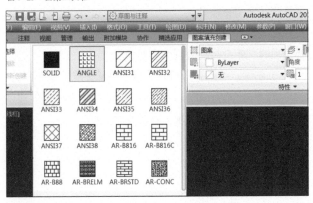

图4-30　特性工具栏

图4-31　填充类型工具栏

图4-32　实体填充工具栏

图4-33　渐变色填充工具栏

图4-34　用户定义填充工具栏

（4）原点工具栏

用于控制填充图案生成的起始位置（见图4-35）。

（5）选项工具栏

控制几个常用的图案填充或填充选项，如关联、注释性、特性匹配、允许的间隙和孤岛检测选项等。如"关联"选项，控制当用户修改当前图案时控制是否自动更新（见图4-36）。

图4-36 选项工具栏

4.4.3 编辑图案填充

双击需要编辑的填充图案，打开"图案填充编辑器"选项卡（见图4-37），可以对已填充好的图案进行编辑修改。

图4-35 原点工具栏

图4-37 图案填充编辑器

思考与延伸

1. 在AutoCAD室内设计制图中，线类绘图工具有哪些？

2. 如何利用AutoCAD工具快速绘制墙体？

3. 线段上定数等分点不可见如何修改？

4. 填充图案太密如何修改？

第 5 章 二维图形编辑

AutoCAD2019提供了许多编辑命令，能够方便地改变图形的大小、位置、方向、数量及形状，从而绘制出更为复杂的图形。本章通过学习这些命令的使用方法，可以进一步提高读者绘制图形的能力，保证绘图准确，减少重复，提高绘图的效率。

5.1 选择对象

AutoCAD2019提供多种修改命令使用方式，在命令行中输入"修改"类的命令（见图5-1）；在功能区中选择"修改"命令按钮（见图5-2）；通过"修改"菜单使用这些命令（见图5-3）；通过"修改"工具栏选择命令按钮，默认修改工具栏屏幕不显示，可通过工具菜单调出（见图5-4）；修改图形的过程中也可以利用右键快捷菜单调用修改图形的命令（见图5-5）。本部分选择常用的修改工具进行讲解和练习，其他修改工具可按命令行或工具栏提示即可理解，不再一一讲述。

图5-3 修改菜单中选择命令按钮

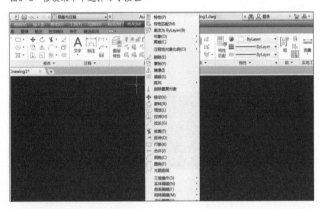

图5-1 命令行中输入修改图形命令

图5-2 功能区中选择修改命令按钮

图5-4 调出修改工具栏

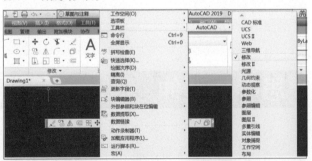

图5-5 利用右键快捷菜单使用修改图形的命令

　　对图形执行修改编辑，首先要选择图形。AutoCAD2019提供了多种对象选择的方法，可以帮助用户快速准确地进行选择。

（1）点选

　　"点选"是最常用的选择图形方式。将光标置于待选的图形之上，单击鼠标左键，即可将图形选中（见图5-6）。连续单击需要选择的对象，可以同时选择多个对象。按住Shift键选择对象，可以从当前选择集中移走该对象。按Esc键可以取消对当前对象的选择。

（2）窗口选择

　　"窗口选择"选择对象时，从左往右拉出矩形窗口，框住需要选择的对象，此时绘图区将出现一个实线的矩形方框，被方框完全包围的对象都将被选中（见图5-7）。

（3）窗交选择

　　"窗交选择"选择对象时，从右向左框住需要选择的对象，框选时绘图区将出现一个虚线的矩形方框，选框内颜色为绿色，释放鼠标后，与方框相交和被方框完全包围的对象都将被选中（见图5-8）。

5.2　删除及分解图形

（1）删除

　　删除命令是【ERASE】（缩写为"E"）。执行该命令可以删除不符合要求的图形或绘错的图形。

　　命令：E

　　选择对象：用鼠标选择对象

　　选择对象：按回车键确定

　　可以先选择对象，然后使用删除【E】命令；也可以先使用删除【E】命令，然后再选择对象。

（2）清除

　　此命令与删除【E】命令的功能完全相同。用鼠标选择要清除的对象，按Delete键执行清除命令。

（3）分解

　　分解命令是【EXPLODE】（缩写为"X"）。执行该命令可以将组合对象分解成各自独立的对象，以便对分解后的各对象进行编辑。

　　命令：X

　　选择对象：用鼠标选择对象

　　选择对象：按回车键确定

　　用于分解的图形主要有矩形、多边形、多段线、图案填充、多线、图块等。例如矩形是由四根直线元素组成的单个对象，如果用户需要对其中的一条边进行编辑，需要将矩形分解并还原为四条线段才可以进行。

图5-6　点选

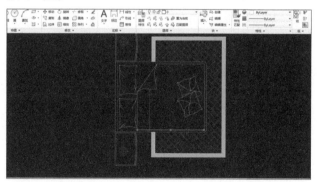

图5-7　窗口选择

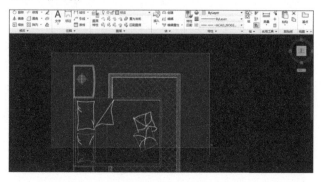

图5-8　窗交选择

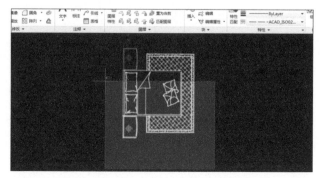

5.3　编辑对象

5.3.1　移动命令

移动命令是【MOVE】(缩写为"M")。执行该命令可以将图形从一个位置移动到另一个位置,移动的结果仅是图形位置上的改变,图形的形状及大小不会发生变化(见图5-9)。

命令:M

选择对象:选择对象

指定基点或[位移(D)]<位移>:指定基点

指定第二个点或<使用第一个点作为位移>:指定移动位置

选项说明如下。

位移(D):选项可以输入坐标以表示位置,输入的坐标值将指定相对距离和方向。

5.3.2　旋转命令

旋转命令是【ROTATE】(缩写为"RO")。执行该命令可以将图形围绕指定的基点进行角度旋转(见图5-10)。

命令:RO

UCS当前的正角方向:ANGDIR=逆时针 ANGBASE=0

选择对象:选择要旋转的对象

指定基点:指定旋转的基点,在对象图形上指定一个坐标点

指定旋转角度或[复制(C)/参照(R)]<0>:指定旋转角度或其他选项

选项说明如下。

①复制(C):旋转对象的同时,保留原对象。

②参照(R):按照参照角度和指定的新角度旋转对象。

5.3.3　缩放命令

缩放命令是【SCALE】(缩写为"SC")。执行该命令可以将选定的图形对象进行等比例放大或缩小,也可以创建形状相同、大小不同的图形结构。

命令:SC

选择对象:选择要缩放的对象

指定基点:指定缩放操作的基点

指定比例因子或[复制(C)/参照(R)]:输入缩放数值

(1)选项说明

①参照(R):采用参照缩放对象时,系统提示如下。

指定参照长度<1>:指定参考长度值

指定新的长度或[点(P)]<1>:指定新长度值

若新长度值大于参考长度值,则放大对象;否则,缩小对象。操作完毕后,系统以指定的基点按指定的比例因子缩放对象。如果选择"点(P)"选项,则指定两点来定义新的长度。

②指定比例因子:选择对象并指定基点后,可以输入缩放数值,大于1的比例因子使对象放大,介于0和1之间的比例因子使对象缩小。也可以使用第二种方法:选择对象并指定基点后,从基点到当前光标位置会出现一条线段,线段的长度即为比例大小。鼠标选择的对象会动态地随着该连线长度的变化而缩放。

③复制(C):可以复制缩放对象。即缩放对象时,保留原对象。

(2)实例

将200mm×200mm矩形放大2倍,了解缩放命令的使用方法(见图5-11)。

①绘制矩形。

命令:REC

指定第一个角点或[倒角(C)/标高(E)/圆角(F)/厚度(T)/宽度(W)]:鼠标指定屏幕任意点

图5-9　【移动】命令

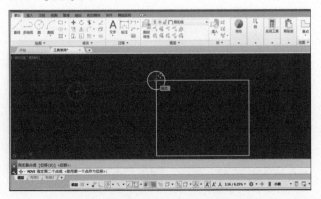

图5-10　【旋转】命令

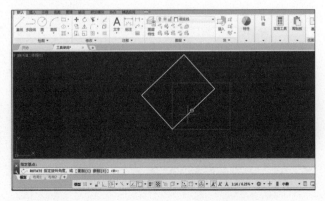

指定另一个角点或[面积(A)/尺寸(D)/旋转(R)]：@200,200

② 缩放尺寸。

命令：SC

选择对象：找到 1 个（选择矩形）

选择对象：回车键确认

指定基点：选择矩形左下角点

指定比例因子或 [复制(C)/参照(R)]：C

指定比例因子或 [复制(C)/参照(R)]：2

5.3.4　复制对象

复制命令是【COPY】（缩写为"CO"）。执行该命令可以在不改变图形大小、方向的前提下，重新生成一个或多个与原对象一模一样的图形（见图5-12）。

命令：CO

选择对象：选择要复制的对象

当前设置：复制模式 = 多个

指定基点或 [位移(D)/模式(O)] <位移>：

图5-11　缩放工具使用（单位：mm）

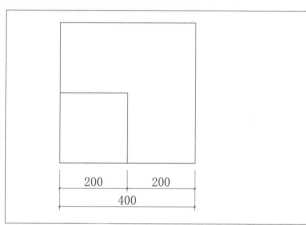

图5-12　【复制】命令编辑图像

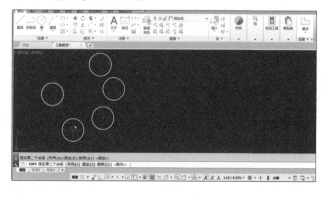

选项说明如下。

① 位移（D）：使用坐标指定复制对象的相对距离和方向。

② 模式（O）：选项控制复制命令是否自动重复。可选择复制模式是单个还是多个。

③ 阵列（A）：选项可以使用线性阵列的方式快速大量复制对象。

5.3.5　镜像命令

镜像命令是【MIRROR】（缩写为"MI"）。执行该命令可以将选择的对象以一条镜像线为对称轴进行镜像，镜像操作完成后，可以保留原对象，也可以将其删除（见图5-13）。需注意镜像工具用两点确定一条镜像线，被选择的对象以该线为对称轴进行镜像。

命令：MI

选择对象：选择要镜像的对象

指定镜像线的第一点：指定镜像线的第一个点

指定镜像线的第二点：指定镜像线的第二个点

要删除源对象？[是(Y)/否(N)] <否>：确定是否删除原对象

5.3.6　偏移命令

偏移命令是【OFFSET】（缩写为"O"）。执行该命令可以将选择的对象保持形状、在不同的位置以不同的尺寸大小新建一个对象。

命令：O

当前设置：删除源=否　图层=源　OFFSETGAPTYPE =0

指定偏移距离或 [通过(T)/删除(E)/图层(L)] <通过>：指定距离值

选择要偏移的对象或 [退出(E)/放弃(U)] <退出>：选择要偏移的对象

指定要偏移的那一侧上的点或 [退出(E)/多个(M)/放弃(U)] <退出>：指定偏移方向

图5-13　【镜像】命令编辑图像

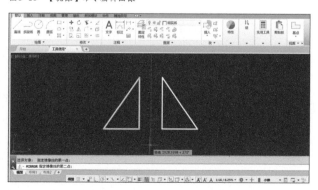

（1）选项说明

① 指定偏移距离：输入偏移距离值，直接按Enter键使用当前的距离值。

② 通过：指定偏移对象的通过点绘制偏移对象。

③ 图层【L】：将偏移对象创建在当前图层上或源对象所在的图层上。

（2）实例

绘制浴霸灯，了解镜像、偏移命令的使用（见图5-14）。

① 绘制浴霸灯外部结构（见图5-15）。

使用矩形【REC】命令绘制矩形，尺寸300mm×300mm。

② 绘制浴霸灯内轮廓。

使用偏移【O】命令，选择矩形向内偏移10mm。

命令：O

当前设置：删除源=否 图层=源 OFFSETGAPTYPE =0

指定偏移距离或 [通过(T)/删除(E)/图层(L)] <通过>： 10

选择要偏移的对象或 [退出(E)/放弃(U)] <退出>：选择矩形

指定要偏移的那一侧上的点或 [退出(E)/多个(M)/放弃(U)] <退出>： 向内单击

选择要偏移的对象或 [退出(E)/放弃(U)] <退出>： 空格键或回车键确认

③ 绘制第一个浴霸灯（见图5-16）。

使用圆【C】命令，选择切点、切点、半径(T)命令绘制与矩形左边线、上边线相切的圆，圆半径60mm。

命令：C

指定圆的圆心或[三点(3P)/两点(2P)/切点、切点、半径(T)]： T

指定对象与圆的第一个切点： 选择矩形左边线

指定对象与圆的第二个切点： 选择矩形上边线

指定圆的半径： 60

使用偏移【O】命令将圆向内偏移距离10mm。

④ 使用镜像命令绘制右边浴霸灯（见图5-17）。

命令：MI

选择对象：指定对角点： 找到2个

指定镜像线的第一点： 选择矩形上中点

指定镜像线的第二点： 选择矩形下中点

要删除源对象吗？ [是(Y)/否(N)] <否>： 按空格键或回车键确认

⑤ 同样使用镜像命令绘制下边浴霸灯。

⑥ 使用极轴追踪等辅助工具绘制中间小浴霸灯（见图5-18）。

图5-15 绘制浴霸灯外部结构（单位：mm）

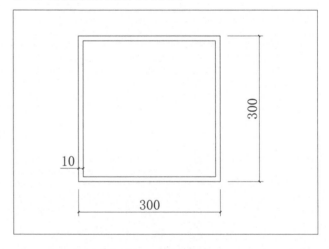

图5-14 绘制浴霸灯

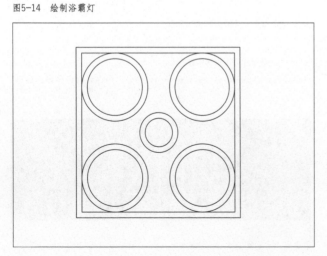

图5-16 绘制与矩形相切的第一个浴霸灯（单位：mm）

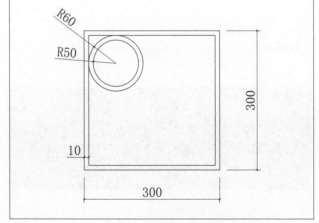

使用极轴追踪命令捕捉矩形内部中点交点，使用圆【C】命令绘制半径为35mm的小圆。

使用偏移【O】命令将小圆向内偏移距离10mm。

浴霸灯图形绘制完毕，按Ctrl+S组合键进行保存。

5.3.7　圆角命令

圆角命令是【FILLET】（缩写为"F"）。执行该命令可以用指定半径的一段平滑圆弧连接两个对象。系统规定可以用圆角连接直线段、非圆弧的多段线段、样条曲线、构造线、射线、圆、圆弧和椭圆。

命令：F

当前设置：模式＝修剪，半径＝0

选择第一个对象或 [放弃(U)/多段线(P)/半径(R)/修剪(T)/多个(M)]：选择第一个对象

选择第二个对象或按住<Shift>键选择要应用角点的对象：选择第二个对象

图5-17　利用【镜像】命令绘制右边浴霸灯

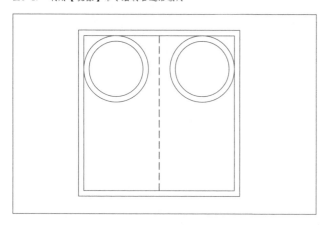

图5-18　利用【极轴追踪】等辅助工具绘制中间小浴霸灯

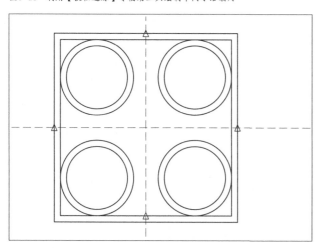

（1）选项说明

① 多段线（P）：系统根据指定的半径参数把多段线各顶点用圆滑的弧连接起来。

② 半径（R）：可以设置圆角的半径，更改此值不会影响已绘制好的圆角。

③ 多个（M）：可以多次对多个对象进行圆角编辑（圆角命令默认只能操作一次）。

（2）实例

绘制浴缸图形，了解偏移、圆角命令的使用（见图5-19）。

① 绘制浴缸外部结构图形（见图5-20）。

使用矩形【REC】命令绘制矩形，尺寸1500mm×900mm，形成浴缸外部轮廓。

使用偏移【O】命令将矩形向内偏移距离100mm。

命令：O

当前设置：删除源＝否　图层＝源 OFFSETGAPTYPE=0

指定偏移距离或 [通过(T)/删除(E)/图层(L)] <通过>：100

选择要偏移的对象或[退出(E)/放弃(U)]<退出>：选择大矩形

指定要偏移的那一侧上的点或 [退出(E)/多个(M)/放弃(U)] <退出>：在大矩形的内部任意一点单击确定偏移方向

选择要偏移的对象 [退出(E)/放弃(U)] <退出>：回车键结束命令

图5-19　绘制浴缸图形（单位：mm）

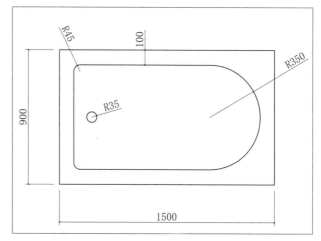

②绘制浴缸左边圆角（见图5-21）。

a.选择上边线与左边线，绘制左上半径为45mm的圆角。

命令：F

当前设置：模式 = 修剪，半径 = 0

选择第一个对象或 [放弃(U)/多段线(P)/半径(R)/修剪(T)/多个(M)]：R

指定圆角半径 <45>：45

选择第一个对象或 [放弃(U)/多段线(P)/半径(R)/修剪(T)/多个(M)]：M

选择第一个对象或 [放弃(U)/多段线(P)/半径(R)/修剪(T)/多个(M)]：选择上边线

选择第二个对象或按住 Shift 键选择对象以应用角点或 [半径(R)]：选择左边线

b.重复选择左边线与下边线，绘制左下半径45mm圆角。

③绘制浴缸右边圆角。

重复圆角【F】命令，设置圆角半径350mm，用同样方法绘制右边2个圆角。

④利用极轴追踪等辅助工具绘制小圆（见图5-22）。

命令：C

指定圆的圆心或 [三点(3P)/两点(2P)/相切、相切、半径(T)]：126

（由小矩形左侧线段的中点向右追踪距离为126mm，确定圆心）

指定圆的半径或 [直径(D)]：38

浴缸图形绘制完毕，按Ctrl+S组合键进行保存。

5.3.8　倒角命令

倒角命令是【CHAMFER】(缩写为"CHA")。执行该命令可以用斜线连接两个不平行的线型对象。一般情况下，需要选择进行倒角的两条相邻的直线，然后按照设定的倒角大小对这两条直线进行倒角。

命令：CHA

（"修剪"模式）当前倒角距离 1 = 0，距离 2 = 0

选择第一条直线或 [放弃(U)/多段线(P)/距离(D)/角度(A)/修剪(T)/方式(E)/多个(M)]：选择第一条直线

选择第二条直线或按住 Shift 键选择要应用角点的直线：选择第二条直线

选项说明如下。

① 距离（D）：通过设置两个倒角边的倒角距离来进行倒角操作，第二个距离默认与第一个距离相同。若两者均为0，则系统不绘制连接的斜线，而是把两个对象延伸至相交，并修剪超出的部分。

② 角度（A）：该选项用第一条线的倒角距离和第二条线的角度设定倒角距离。

③ 多段线（P）：对多段线的各个交叉点进行倒角编辑。系统根据指定的斜线距离把多段线的每个交叉点都做斜线连接，连接的斜线成为多段线新添加的构成部分。

图5-20　绘制浴缸外部结构图形（单位：mm）

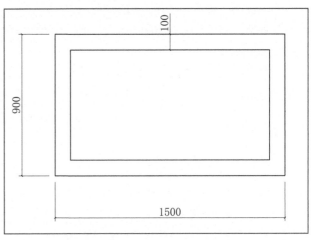

图5-21　绘制浴缸内部圆角（单位：mm）

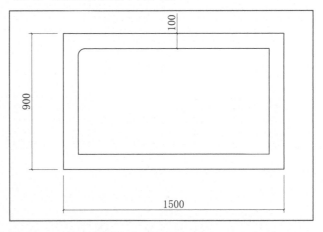

图5-22　利用极轴追踪等辅助工具绘制小圆（单位：mm）

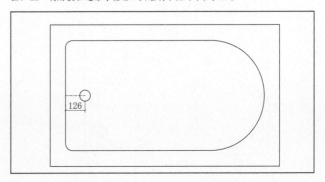

5.3.9　修剪命令

修剪命令是【TRIM】（缩写为"TR"）。执行该命令可以将对象上指定的部分进行修剪，以便将对象编辑成符合设计要求的图形。

命令：TR

当前设置：投影=UCS，边=无

选择剪切边…

选择对象或 <全部选择>：　选择用作修剪的对象或按Enter键，结束对象选择，系统提示如下。

选择要修剪的对象，或按住 Shift 键选择要延伸的对象或[栏选(F)/窗交(C)/投影(P)/边(E)/删除(R)/放弃(U)]：

（1）选项说明

① 按住 Shift 键选择要延伸的对象：选择对象时按住Shift键，系统就自动将"修剪"命令转换成"延伸"命令。

② 全部选择：按Enter键或空格键则选择屏幕内所有对象作为修剪对象。

（2）实例

绘制吧台椅图形，了解偏移、修剪命令的使用（见图5-23）。

① 绘制吧台椅的内部结构。

使用圆【C】命令绘制半径220mm的圆。

② 绘制吧台椅的靠背结构。

使用偏移【O】命令，选择圆，向外偏移距离40mm（见图5-24）。使用直线【L】命令绘制直线，左右相交圆上象限点（见图5-25）。

③ 使用修剪【TR】命令修剪多余线条，表达靠背结构。

命令：TR

当前设置：投影=UCS，边=无

选择剪切边…

选择对象或 <全部选择>：回车键或空格键确定

选择要修剪的对象或按住 Shift 键选择要延伸的对象，或[栏选(F)/窗交(C)/投影(P)/边(E)/删除(R)/放弃(U)]：修剪圆中线段

选择要修剪的对象或按住 Shift 键选择要延伸的对象，或[栏选(F)/窗交(C)/投影(P)/边(E)/删除(R)/放弃(U)]：修剪圆下半部

完成吧台椅图形的绘制，按Ctrl+S组合键进行保存。

小贴士

» 有时用户在执行圆角和倒角命令时，发现命令不执行或执行后没什么变化，那是因为系统默认圆角半径和斜线距离均为0，如果不事先设定圆角半径或斜线距离，系统就以默认值执行，所以看起来好像没有执行命令。

» 按住Shift键并选择两条直线，可以快速创建零距离倒角或零半径圆角。

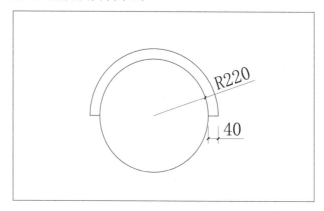

图5-23　绘制吧台椅（单位：mm）

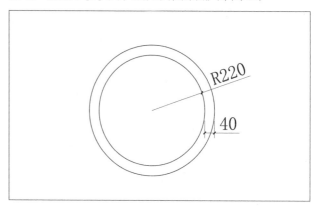

图5-24　使用偏移【O】命令，绘制吧台椅的外轮廓（单位：mm）

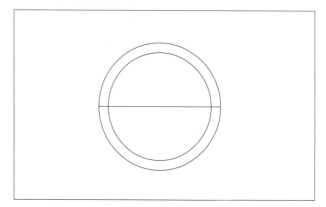

图5-25　绘制吧台椅的靠背结构

5.3.10　阵列命令

阵列命令是【ARRAY】(缩写为"AR")。执行该命令可以将选择的对象复制多个，并按指定的规律进行排列。AutoCAD2019提供了3种阵列方式：矩形阵列、极轴（环形）阵列、路径阵列，可以按照矩形、极轴（环形）和路径的方式，以定义的距离、角度和路径复制出源对象的多个对象副本。

命令：AR

选择对象：鼠标选择对象

输入阵列类型 [矩形(R)/路径(PA)/极轴(PO)] <矩形>：R

类型 = 矩形 关联 = 是

选择夹点以编辑阵列或 [关联(AS)/基点(B)/计数(COU)/间距(S)/列数(COL)/行数(R)/层数(L)/退出(X)] <退出>：

（1）选项说明

① 关联（AS）：指定在阵列中创建的图形是关联的对象还是独立对象。

② 计数（COU）：指定行数和列数的数值。

③ 间距（S）：指定行间距和列间距的数值。

④ 列数（COL）：指定阵列中的列数和列间距。

⑤ 行数（R）：指定阵列中的行数、行间距及行之间的增量标高。

（2）实例

绘制吧台桌椅图形，了解移动和阵列命令的使用（见图5-26）。

① 打开已绘制的吧台椅图形。

② 绘制吧台桌。使用矩形【REC】命令绘制矩形，长宽尺寸为3500mm×400mm（见图5-27）。

③ 调整吧台椅位置。使用移动【M】命令移动吧台椅到桌边合适位置（见图5-28）。

④ 排列吧台椅。使用阵列【AR】命令排列5个吧台椅，椅子之间间距230mm（见图5-29）。

命令：AR

选择对象：找到 5 个

选择对象：输入阵列类型 [矩形(R)/路径(PA)/极轴(PO)] <矩形>：R

类型 = 矩形 关联 = 是

选择夹点以编辑阵列或 [关联(AS)/基点(B)/计数(COU)/间距(S)/列数(COL)/行数(R)/层数(L)/退出(X)] <退出>：S

指定列之间的距离或 [单位单元(U)] <780>：750

指定行之间的距离 <720>：1

选择夹点以编辑阵列或 [关联(AS)/基点(B)/ 计数(COU)/间距(S)/列数(COL)/行数(R)/层数(L)/退出(X)] <退出>：COU

输入列数数或 [表达式(E)] <4>：5

输入行数数或 [表达式(E)] <3>：1

选择夹点以编辑阵列或 [关联(AS)/基点(B)/计数(COU)/间距(S)/列数(COL)/行数(R)/层数(L)/退出(X)] <退出>：回车键确定

完成吧台桌椅图形绘制，按Ctrl+S组合键进行保存。

图5-26　绘制吧台桌椅

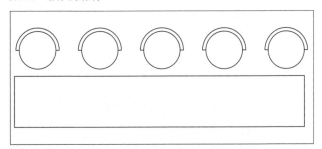

图5-27　使用矩形【REC】命令绘制吧台桌（单位：mm）

图5-28　使用移动【M】命令移动吧台椅到桌边合适位置

图5-29　使用阵列【AR】命令排列5个吧台椅（单位：mm）

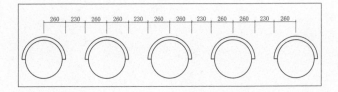

5.3.11 拉伸命令

拉伸命令是【STRETCH】(缩写为"S")。执行该命令可以对选择的对象按规定方向和角度拉伸或缩短,并且使对象的形状发生改变。拉伸对象时,应指定拉伸的基点和移置点,利用一些辅助工具如捕捉、钳夹功能及相对坐标等可以提高拉伸的精度。

命令:S

以交叉窗口或交叉多边形选择要拉伸的对象...

选择对象:鼠标选择对象

指定对角点:找到 2 个(采用交叉窗口的方式选择要拉伸的对象)

指定基点或 [位移(D)] <位移>:指定拉伸的基点

指定第二个点或 <使用第一个点作为位移>:指定拉伸的移至点

此时,若指定第二个点,系统将根据这两点的矢量拉伸对象。

用交叉窗口选择拉伸对象时,落在交叉窗口内的端点被拉伸,落在外部的端点保持不动。如不使用交叉窗口或交叉多边形方式选择对象,则对象不被拉伸,只做位移。

5.3.12 拉长命令

拉长命令是【LENGTHEN】(缩写为"LEN")。执行该命令可以将选择对象的图线拉长或缩短,在拉长的过程中,不仅可以改变线对象的长度,还可以更改弧对象的角度。

命令:LEN

选择对象或 [增量(DE)/百分比(P)/总计(T)/动态(DY)]:

选项说明如下。

① 增量(DE):用指定增加量的方法来改变对象的长度或角度。

② 百分比(P):用指定要修改对象的长度占总长度的百分比的方法来改变圆弧或直线段的长度。

③ 总计(T):用指定新的总长度或总角度值的方法来改变对象的长度或角度。

④ 动态(DY):在这种模式下,可以使用拖曳鼠标的方法来动态地改变对象的长度或角度。

思考与延伸

1. 如何使用AutoCAD编辑命令改变当前图形的位置?

2. 复制命令与偏移命令有什么不同?

3. 执行圆角和倒角命令时,命令执行后没变化如何处理?

4. 如何快速绘制多个距离相等、大小一致图形?

文字、表格、标注是室内设计制图中必不可少的部分，通过这些内容的表述可以准确传达设计的意图；除此以外，AutoCAD提供多种辅助工具，可以进一步提高制图的速度和效率；图形绘制完毕，图形打印输出也是一个重要的环节。本章主要讲解文字、表格、标注、图块、信息查询、打印出图等工具的基本使用方法，掌握这些工具可以更准确、快速地表达图纸。

6.1 文字与表格

6.1.1 文字

文字是室内设计施工图的基本组成部分，在图签、说明、标注、图纸目录等地方都要用到文字。

（1）设置文字样式

文字样式命令是【STYLE】（缩写为"ST"）。执行该命令可以对文字特性进行设置，包括字体、高度、宽度、比例、倾斜角度以及排列方式等。

命令：ST

执行命令，系统弹出"文字样式"对话框（见图6-1）。利用该对话框可以新建文字样式或修改当前文字样式。

选项说明如下。

① 样式（S）：列表框列出了当前可以使用的文字样式，默认文字样式为Standard（标准）。

② 字体名（F）：在该下拉列表中可以选择不同的字体，如宋体、黑体和楷体等。

③ 字体样式（Y）：在该下拉列表中可以选择其他字体样式，包括常规、粗体、斜体等。

④ 使用大字体：选项用于指定亚洲语言的大字体文件，只有后缀名为.SHX的字体文件才可以创建大字体。

⑤ 宽度因子（W）：选项控制文字的宽度，正常情况下宽度比例为1，增大比例，文字将会变宽。

文字样式其余选项比较简单，这里不再一一讲述。

（2）多行文字标注

"多行文字"是一种易于管理的文字对象，在制图中常使用多行文字功能创建较为复杂的文字说明。

多行文字命令是【MTEXT】（缩写为"T"）。执行该命令可以对文字进行创建和编辑。

命令：T

当前文字样式："Standard"

当前文字高度：0.2 注释性：否

指定第一角点：指定矩形框的左上角点

指定对角点或 [高度(H)/对正(J)/行距(L)/旋转/样式(S)/宽度(W)]：指定矩形框的右下角点

在指定了输入文字的对角点之后，AutoCAD就会打

图6-1 "文字样式"对话框

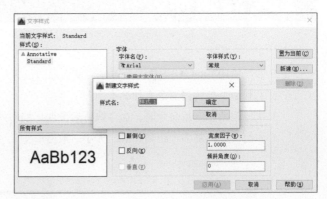

开"文字编辑器"选项卡和"多行文字"编辑框（见图
6-2）。该编辑器与Microsoft Word编辑器界面相似，可以
使用用户更熟悉和方便地使用。

（3）"文字编辑器"选项卡

文字编辑器用来控制文字的显示特性。可以在输
入文字前设置文字特性，也可以改变已输入的文字特性
（见图6-3）。

① 样式工具栏。用于设置当前的文字样式（见图
6-4）。

a.文字高度。为新的或选定的文字设置字符高度。

b.遮罩。用于在文字后放置不透明背景。

② 格式工具栏。用于设置文字的显示特性

a.粗体和斜体。用于设置加粗或斜体效果。这两个
按钮只对TrueType字体有效。

b.删除线。用于在文字上添加或取消水平删除线。

c.下划线和上划线。用于设置或取消文字的上下划
线。

d.堆叠。为堆叠或非堆叠文字按钮，用于堆叠所选
的文本文字，也就是创建分数形式。当文本中某处出现
"/""^"或"#"种堆叠符号之一时，选中需堆叠的文
字，才可层叠文本。二者缺一不可。

e.上标和下标：将选定文字转换为上标或下标样式。

③ 段落工具栏。用于设置段落文字的位置，为段落
进行标记等。

a.对正。显示文字位置，并且有 9 个对齐选项可用
（见图6-5）。

b.项目符号和编号。为段落进行标记（见图6-6）。

c.行距。为段落和段落的第一行设置缩进，指定制表
位和缩进，控制段落对齐方式、间距和行距（见图6-7）。

图6-2　"文字编辑器"选项卡与"多行文字"编辑框

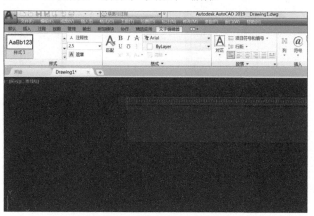

图6-3　"文字编辑器"控制文字的特性

图6-4　样式工具栏

图6-5　段落工具栏

图6-6　"项目符号和编号"对话框

图6-7　"段落"对话框

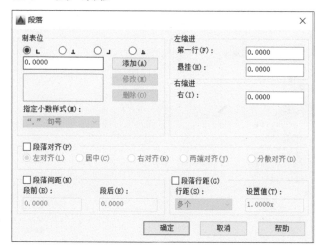

④ 插入工具栏。

a.符号。用于输入各种符号。单击此按钮，系统打开符号列表（见图6-8），从中可以选择需要的符号插入到到文本中。

b.字段。用于插入一些常用或预设字段。单击此按钮，系统打开"字段"对话框，用户可从中选择需要的字段，插入标注文本中。(见图6-9)

⑤ 拼写检查工具栏。

a.拼写检查。控制键入时拼写检查处于打开或关闭的状态（见图6-10）。

b.编辑词典。显示"词典"对话框，从中可添加或删除在拼写检查过程中使用的自定义词典。

⑥ 工具栏。

a.查找和替换。选项用于查找文字和替换选定的文字或全部文字。

b.输入文字。选择此项，系统打开"选择文件"对话框，选择TXT或RTF格式的文件。输入的文字保留原始字符格式和样式特性，但可以在多行文字编辑器中编辑和格式化输入的文字。

⑦ 选项栏。

a.标尺。在编辑器顶部显示标尺，拖动标尺末尾的箭头可更改文字编辑框的长度。列模式处于活动状态时，还显示高度和列夹点。

b.字符集。显示文字种类（见图6-11）。

c.编辑器设置。显示"文字格式"工具栏的选项列表。有关详细信息，请参见编辑器设置。

（4）文字编辑

文字编辑命令为【DDEDIT】（缩写为"ED"）使用该命令可以对已注写好的文字进行编辑修改。

命令：ED（或鼠标左键双击需要修改的文字）

选择注释对象或[放弃(U)]：选择文字

选择想要修改的文字，如果选取的文字是单行文字，可对其直接进行修改。如果选取的文字是多行文字，选取后则打开多行文字编辑器进行修改。

单行文字使用比较简单，按命令行提示即可操作，这里不再讲解。

图6-8 "符号"按钮用于输入各种符号

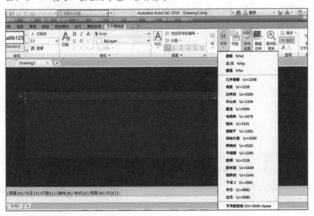

图6-9 "字段"对话框

小贴士

» 多行文字中，无论行数是多少，单个编辑任务中创建的每个段落集将构成单个对象；用户可对其进行移动、旋转、删除、复制、镜像或缩放操作。

图6-10 "拼写检查"对话框

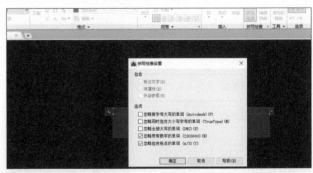

图6-11 "字符集"工具板

6.1.2　表格

表格在室内设计制图中的运用非常普遍。在AutoCAD早期的版本中绘制表格烦琐而复杂，绘图效率低。针对这种情况，从AutoCAD2005版本开始，新增加了一个"表格"绘图功能，用户可以直接插入设置好样式的表格，也可以按实际需求对表格进行编辑，极大地提高了工作效率。

（1）设置表格样式

表格样式命令是【TABLESTYLE】（缩写为"TS"）。执行该命令可以对表格样式进行设置。

命令：TS

执行上述命令，系统打开"表格样式"对话框（见图6-12）。

选项说明如下。

① 新建：单击该按钮，系统弹出"创建新的表格样式"对话框（见图6-13），输入新的表格样式名后，单击"继续"按钮，系统打开"新建表格样式"对话框（见图6-14），根据实际需要可以调整表格方向及单元样式有关参数的设置。

② 修改：主要对当前表格样式进行修改，方法与新建表格样式相同。

（2）创建表格

创建表格命令是【TABLE】（缩写为"TB"），执行该命令可以在视窗中插入新表格。

命令：TB

系统弹出"插入表格"对话框（见图6-15）。

选项说明如下。

① 表格样式：可以选择使用已创建好的表格样式或单击右侧的按钮后创建新的表格样式。系统默认样式为Standard。

② 插入选项：指定插入表格的方式。

③ 预览：显示当前表格样式的样例。

④ 插入方式：指定表格位置，可以通过指定插入点或指定窗口进行表格插入。

⑤ 列和行设置：设置列和行的数目及大小。

⑥ 设置单元样式：选项主要用于设置新的单元样式，也可以对已有的单元样式进行修改。

a.第一行单元样式：指定表格中第一行的单元样式。系统默认使用标题单元样式。

b.第二行单元样式：指定表格中第二行的单元样式。系统默认使用表头单元样式。

图6-12　"表格样式"对话框

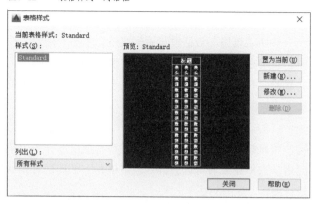

图6-13　"创建新的表格样式"对话框

图6-14　"新建表格样式"对话框

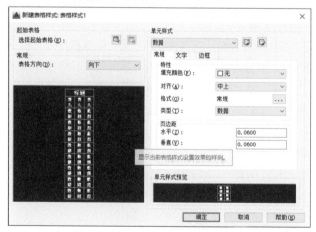

图6-15　"插入表格"对话框

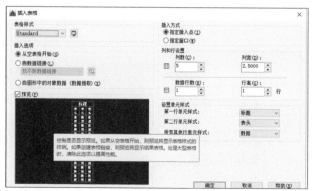

c.所有其他行单元样式：指定表格中所有其他行的单元样式，系统默认使用数据单元样式。

"插入表格"对话框设置完成后，单击"确定"按钮，系统在指定的插入点或窗口自动插入一个空表格，并显示多行文字编辑器，用户可以逐行逐列输入相应的文字或数据。

（3）编辑表格

用鼠标点选或按住鼠标左键并拖动可以选择多个单元格，选择完成后可以打开"表格单元"工具栏对表格进行编辑（见图6-16）。

（4）编辑表格文字

编辑表格文字命令是【TABLEDIT】，执行该命令可以编辑表格文字；在选择的表格内用鼠标左键双击文字也可以进行文字编辑。

（5）实例

绘制室内设计图纸标题栏，了解文字与表格的使用方法（见图6-17）。

① 设置表格参数。

命令：TB

系统弹出"插入表格"对话框（见图 6-18），按要求设置参数。

② 插入表格。在绘图区的指定点单击鼠标左键，从而插入表格。

③ 调整表格。选择需要调整的一个表格部分，按下Shift键加选其他表格，在"表格单元"工具栏中，单击"合并"单元格按钮，并选择其下拉菜单中的"按行"选项（见图 6-19），表格按行合并。

④ 输入文字说明。在选中的单元格中双击鼠标左键，呈文字输入状态，在相应的单元格中输入文字对象，按Enter键可以切换下一行。

⑤ 完成标题栏的绘制。单击"表格"工具栏上的"确定"按钮，完成标题栏的绘制。

室内设计图纸标题栏绘制完成后，按Ctrl+S组合键进行保存。

小贴士

» 输入文字说明时按Enter键可以切换下一行。

» 输入文字说明时按键盘上的方向键可以轻松切换下一行或左右上下。

图6-16　"表格单元"工具栏

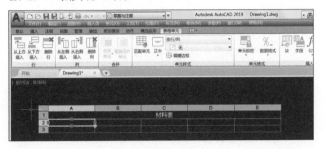

图6-17　绘制室内设计图纸标题栏

工程名称			图号	
项目名称			比例	
设计单位		监理单位	设计	
建设单位		制图	日期	
施工单位		审核	负责人	

图6-18　"插入表格"对话框

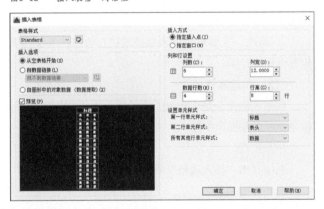

图6-19　合并单元格

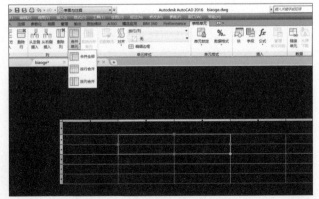

6.2 标注

AutoCAD2019包含了一套完整的尺寸标注命令，可以标注直径、半径、角度、直线及圆心位置等对象，还可以标注引线、形位公差等辅助说明。

6.2.1 设置标注样式

标注样式命令是【DIMSTYLE】（缩写为"D"）。执行该命令可以根据需要对标注样式进行设置。

命令：D

输入命令后，系统弹出"标注样式管理器"对话框（见图6-20）。利用此对话框可方便直观地设置和浏览标注样式，设置新的标注样式，修改已存在的样式，样式重命名，以及删除已有样式等。

（1）"标注样式管理器"对话框

① 置为当前。选择该选项，把在"样式"列表框中选中的样式设置为当前样式。

② 新建。选择该选项，AutoCAD弹出"创建新标注样式"对话框（见图6-21）。利用此对话框可创建一个新的尺寸标注样式，单击"继续"按钮，系统弹出"新建标注样式"对话框，利用此对话框可对新样式的各项特性进行设置。

③ 修改。选择该选项，AutoCAD弹出"修改标注样式"对话框，可以对已有标注样式进行修改。

④ 替代。选择该选项，AutoCAD弹出"替代当前样式"对话框，用户可改变选项的设置覆盖原来的设置，但这种修改只对指定的尺寸标注起作用，而不影响当前尺寸变量的设置。

⑤ 比较。选择该选项，打开"比较标注样式"对话框，可以比较所选定的两个标注样式或列出一个标注样式的所有特性。

图6-20 "标注样式管理器"对话框

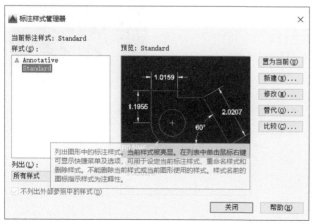

（2）新建标注样式

① 线。该选项卡对尺寸的尺寸线、尺寸界线、箭头以及圆心标记的各个参数进行设置（见图6-22）。

② 符号和箭头。该选项卡设置箭头的样式和大小参数、引线的形状、圆心标记的类型和大小参数、弧长符号等（见图6-23）。

图6-21 "创建新标注样式"对话框

图6-22 "新建标注样式"对话框的"线"选项卡

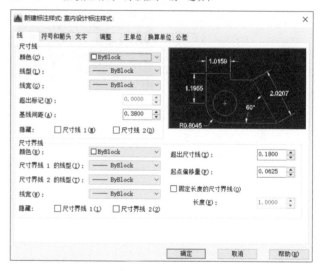

图6-23 "新建标注样式"对话框的"符号和箭头"选项卡

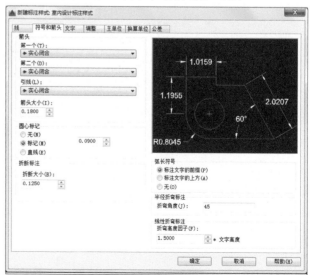

③ 文字。该选项卡对文字的外观、位置、对齐方式等各个参数进行设置（见图6-24）。

④ 调整。该选项卡对调整选项、文字位置、标注特征比例、调整等各个参数进行设置（见图6-25）。

⑤ 主单位。该选项卡用来设置尺寸标注的主单位和精度，以及给尺寸文本添加固定的前缀或后缀（见图6-26）。

⑥ 换算单位。该选项卡用于对替换单位进行设置（见图6-27）。

⑦ 公差。该选项卡用于对尺寸公差进行设置（见图6-28）。其中"方式"下拉列表框列出了AutoCAD提供的五种标注公差的形式，用户可从中选择需要的方式进行标注。

图6-26 "新建标注样式"对话框的"主单位"选项卡

图6-24 "新建标注样式"对话框的"文字"选项卡

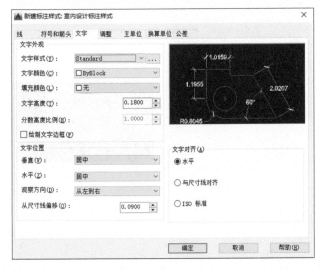

图6-27 "新建标注样式"对话框的"换算单位"选项卡

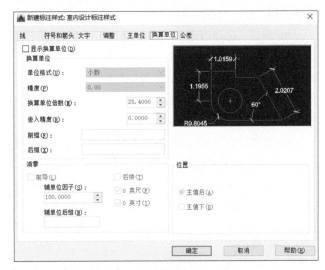

图6-25 "新建标注样式"对话框的"调整"选项卡

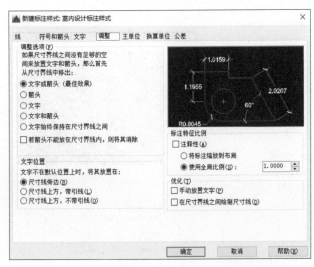

图6-28 "新建标注样式"对话框的"公差"选项卡

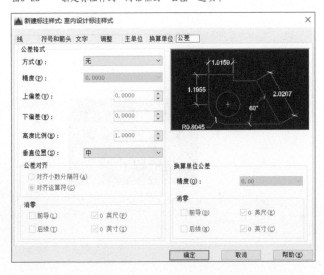

6.2.2　线性标注

线性标注命令是【DIMLINEAR】（缩写为"DIM"）。执行该命令主要用于标注两点之间的水平尺寸或垂直尺寸（见图6-29）。

命令：DIM

指定第一条尺寸界线原点或 <选择对象>：

在此提示下有两种选择：直接回车选择要标注的对象或确定尺寸界线的起始点。回车并选择要标注的对象或指定两条尺寸界线的起始点后，系统继续提示：

指定尺寸线位置或[多行文字(M)/文字(T)/角度(A)/水平(H)/垂直(V)/旋转(R)]：

选项说明如下。

① 指定尺寸线位置：选项确定尺寸线的位置。用户可移动鼠标选择合适的尺寸线位置，然后按Enter键或单击鼠标左键确定，系统则自动测量所标注线段的长度并标注出相应的尺寸。

② 多行文字（M）：用多行文字编辑器确定尺寸文字。

③ 文字（T）：在命令行提示下输入或编辑尺寸文字。

④ 角度（A）：设置尺寸文字的倾斜角度。

⑤ 水平（H）：选择该选项后无论标注什么方向的线段，尺寸线均水平放置。

⑥ 垂直（V）：选择该选项后无论标注什么方向的线段，尺寸线总保持垂直。

⑦ 旋转（R）：指定尺寸线旋转的角度。

6.2.3　对齐标注

对齐标注命令是【DIMALIGNED】（缩写为"DAL"）。执行该命令可以标注水平线和垂直线，也可以标注斜线。

6.2.4　坐标标注

坐标标注命令是【DIMORDINATE】（缩写为"DOR"）。执行该命令标注点的纵坐标或横坐标。

6.2.5　角度标注

角度标注命令是【DIMANGULAR】（缩写为"DAN"）。执行该命令标注两个对象之间的角度。

6.2.6　直径标注

直径标注命令是【DIMDIAMETER】（缩写为"DDI"）。执行该命令标注圆或圆弧的直径。

6.2.7　半径标注

半径标注命令是【DIMRADIUS】（缩写为"DRA"）。执行该命令标注圆或圆弧的半径。

6.2.8　圆心标记

圆心标记命令是【DIMCENTER】（缩写为"DCE"）。执行该命令标注圆或圆弧的中心。圆心标记的大小、样式由"新建（修改）标注样式"对话框"尺寸与箭头"选项卡的"圆心标记"选项组决定。

上面所述这几种尺寸标注与线性标注使用方法类似，不再赘述。

6.2.9　基线标注

基线标注命令是【DIMBASELINE】（缩写为"DIM"）。执行该命令用于产生一系列基于同一条尺寸界线的尺寸标注。适用于长度尺寸标注、角度标注和坐标标注等（见图6-30）。

在使用基线标注方式之前，应该先标注出一个相关的尺寸，基线标注中平行尺寸线间距由"新建（修改）标注样式"对话框"尺寸与箭头"选项卡"尺寸线"选项组中的"基线间距"文本框中的值决定。

图6-29　"线性标注"命令（单位：mm）

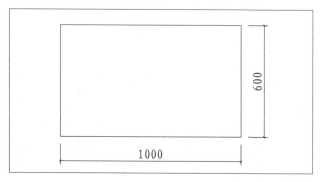

图6-30　"基线标注"命令（单位：mm）

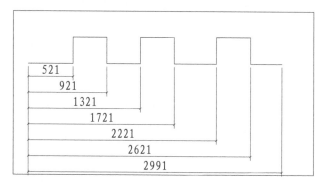

6.2.10 连续标注

连续标注命令是【DIMCONTINUE】（缩写为"DCO"）。连续标注又称尺寸链标注，用于产生一系列连续的尺寸标注，后一个尺寸标注均把前一个标注的第二条尺寸界线作为它的第一条尺寸界线。与基线标注一样，在使用连续标注方式之前，应该先标注出一个相关的尺寸，其标注过程与基线标注类似（见图6-31）。

6.2.11 快速标注

快速标注命令是【DIMCONTINUE】（缩写为"QDIM"）。执行该命令可以交互地、动态地、自动化地进行尺寸标注。使用该命令可以同时选择多个圆或圆弧标注直径或半径，也可同时选择多个对象进行基线标注和连续标注，选择一次即可完成多个标注，因此可省时间，提高工作效率（见图6-32）。

6.2.12 多重引线标注

多重引线标注命令是【MLEADER】（缩写为"MLD"）。多重引线标注包含箭头、水平基线、引线或曲线、多行文字或块参照等内容。

命令：MLD

指定引线箭头的位置或 [引线基线优先(L)/内容优先(C)/选项(O)] <选项>：指定引线箭头位置

指定引线基线的位置：输入注释文字，在空白处单击即可结束命令

（1）选项说明

① 引线基线优先（L）。选择该选项，可以颠倒多重引线的创建顺序，即先创建基线位置（文字输入的位置），再指定箭头位置。

② 引线箭头优先（H）。即默认先指定箭头，再指定基线位置的方式。

③ 内容优先（L）。选择该选项，可以先创建标注文字，再指定引线箭头来进行标注。该方式下的基线位置可以自动调整，随鼠标移动方向而定。

④ 选项（O）。选择该选项，则命令行出现如下提示：

输入选项[引线类型(L)/引线基线(A)/内容类型(C)/最大节点数(M)/第一个角度(F)/第二个角度(S)/退出选项(X)]<退出选项>：

a.引线类型（L）。可以设置多重引线的处理方法。

b.引线基线（A）。选项可以指定是否添加水平基线。

c.内容类型（C）。选项可以指定要用于多重引线的内容类型。

d. 最大节点数（M）。选项可以指定新引线的最大点数或线段数。

e. 第一个角度（F）。选项可以约束新引线中的第一个点的角度。

f. 第二个角度（S）。选项可以约束新引线中的第二个角度。

（2）设置多重引线样式

使用"多重引线样式"工具栏（见图6-33），新建后弹出"多重引线样式管理器"对话框进行相关参数设置。

图6-31 用"连续标注"命令标注的尺寸（单位：mm）

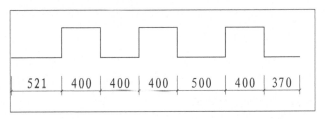

图6-32 "快速标注"命令（单位：mm）

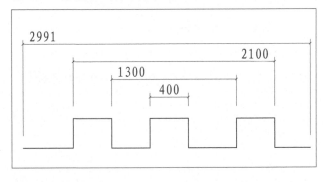

图6-33 "多重引线样式"工具栏

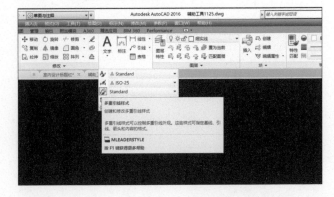

① "引线格式"对话框。可以设置多重引线的线型、颜色和类型（见图6-34）。

a.类型：用于设置引线的类型，包含【直线】、【样条曲线】和【无】3种。

b.颜色：用于设置引线的颜色，一般选择"Bylayer"（随层），方便颜色管理。

c.线型：用于设置引线的线型，一般选择"Bylayer"（随层），方便线型管理。

d.线宽：用于设置引线的线宽，一般选择"Bylayer"（随层），方便线宽管理。

e.符号：可以设置多重引线的箭头符号。

f.大小：用于设置箭头的大小。

g.打断大小：设置多重引线用于标注打断命令时的打断大小。该值只有使用标注打断命令时才能观察到效果，值越大，则打断的距离越大。

② "引线结构"对话框。可以设置多重引线的折点数、引线角度及基线长度等（见图6-35）。

a.最大引线点数：可以指定新引线的最大点数或线段数。

b.第一段角度：该选项可以约束新引线中的第一个点的角度。

c.第二段角度：该选项可以约束新引线中的第二个点的角度。

d.自动包含基线：确定"多重引线"命令中是否含有水平基线。

e.设置基线距离：确定"多重引线"中基线的固定长度。只有勾选"自动包含基线"复选框后才可使用。

③ "内容"对话框。可以对多重引线的注释内容进行设置，如文字样式、文字对齐等（见图6-36）。

a.多重引线类：该下拉列表中可以选择"多重引线"的内容类型。

b.文字样式：用于选择标注的文字样式。也可以单击其后的按钮，系统弹出"文字样式"对话框，选择文字样式或新建文字样式。

c.文字角度：指定标注文字的旋转角度。

d.文字颜色：用于设置文字的颜色，一般选择"ByLayer"（随层），方便文字管理。

e.文字高度：设置文字的高度。

f.始终左对正：始终指定文字内容左对齐。

g.文字加框：为文字内容添加边框。

h.引线连接-水平连接：将引线插入文字内容的左侧或右侧，水平连接包括文字和引线之间的基线。

i.引线连接-垂直连接：将引线插入文字内容的顶部或底部，垂直连接不包括文字和引线之间的基线。

图6-34　"引线格式"对话框

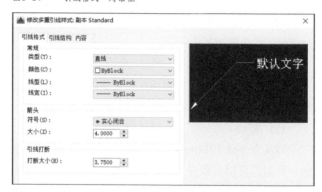

图6-35　"引线结构"对话框

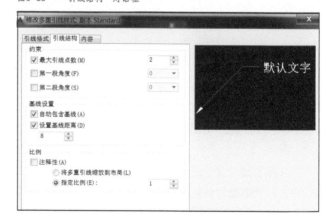

图6-36　"内容"对话框

6.3　常用辅助工具

6.3.1　图块及其属性

图块是由多个对象组成的集合，并具有块名。在AutoCAD中，使用图块可以提高绘图效率、节省存储空间，同时还便于修改和重新定义图块。

（1）块定义

块定义命令是【BLOCK】（缩写为"B"）。执行该命令可以将图形定义为内部图块。内部图块是存储在图形文件内部的块，只能在存储文件中使用，而不能在其他图形文件中使用。

命令：B

系统弹出"块定义"对话框（见图6-37），利用该对话框可定义图块并命名。

（2）写块

写块命令是【WBLOCK】（缩写为"W"）。执行该命令可以将图形对象保存为图块。或把图块转换成图形文件，可以在任意图形文件中调用或插入。

命令：W

执行上述命令，系统弹出"写块"对话框（见图6-38）。利用此对话框可以指定保存的路径把图形对象保存为外部图块。

（3）插入

插入命令是【INSERT】（缩写为"I"）。执行该命令可以插入已做好的图块。

命令：I

执行上述命令，系统弹出"插入"对话框（见图6-39）。利用此对话框设置插入点位置、插入比例以及旋转角度，可以指定要插入的图块及插入位置。

小贴士
» 以块定义命令定义的图块只能插入当前图形。以写块保存的图块，既可以插入当前图形中，也可以插入其他图形中。

图6-37　"块定义"对话框

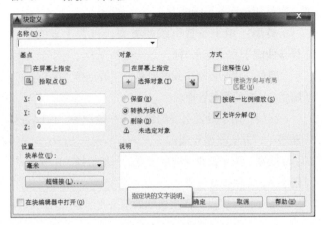

图6-38　"写块"对话框

图6-39　"插入"对话框

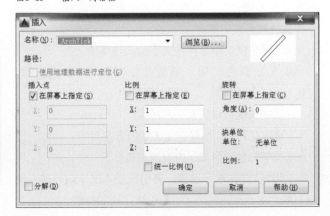

（4）实例

以电冰箱平面图块为例，介绍图块命令的具体使用方法。

① 使用矩形【REC】命令、偏移【O】命令、椭圆【EL】命令绘制电冰箱图形。

② 使用写块【W】命令，弹出"写块"对话框（见图6-40），单击"拾取点"按钮，拾取电冰箱左下交点为基点，单击"选择对象"按钮，拾取下面的图形为对象，输入图块名称"电冰箱"并指定保存路径，确认保存。

6.3.2 图块的属性

（1）属性定义

属性定义命令是【ATTDEF】（缩写为"ATT"）。图块属性定义就是将数据附着到图块上的标签或标记。

命令：ATT

执行上述命令，系统弹出"属性定义"对话框（见图6-41）。

（2）选项说明

① "模式"选项组。

a.不可见。指定插入块时不显示或打印属性值。

b.固定。插入块时赋予属性固定值。

c.验证。插入块时提示验证属性值是否正确。

d.预设。插入包含预设属性值的块时，将属性设定为默认值。

e.锁定位置。锁定块参照中属性的位置，解锁后，属性可以相对于使用夹点编辑的块的其他部分移动，并且可以调整多行文字属性的大小。

f.多行。指定属性值可以包含多行文字。

② "属性"选项组。

a "标记"文本框。输入属性标签。属性标签可由除空格和感叹号以外的所有字符组成。AutoCAD2019系统自动把小写字母改为大写字母。

b."提示"文本框。在插入包含该属性定义的块时AutoCAD2019显示的提示。如果不在此文本框内输入提示，属性标记将用作提示。

c."默认"文本框。设置默认的属性值。可把使用次数较多的属性值作为默认值，也可不设默认值。

其他各选项组比较简单，不再赘述。

（3）编辑属性定义

编辑属性定义命令是【TEXTEDIT】或用鼠标左键双击需修改块属性，可编辑属性定义。

命令：TEXTEDIT

打开"编辑属性定义"对话框，可以在该对话框中修改属性定义（见图6-42）。

图6-41　"属性定义"对话框

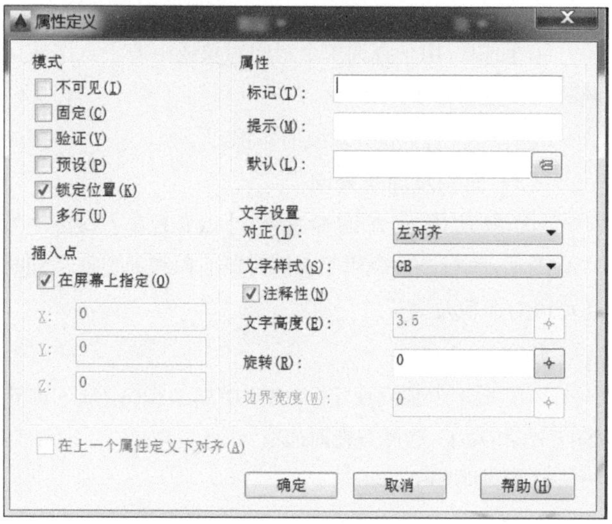

图6-40　电冰箱平面图形保存为外部图块

图6-42　"编辑属性定义"对话框

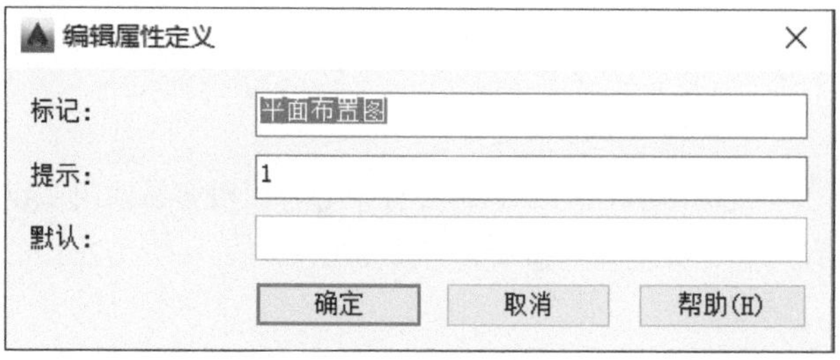

6.3.3　信息查询

为方便用户及时了解图形信息，AutoCAD提供了很多查询工具，这里简要进行说明。

（1）距离查询

距离查询命令是【DIST】（缩写为"DI"）。执行该命令主要用来查询指定两点间的实际长度。

命令：DI

执行命令后，单击鼠标左键依次指定查询的两个点，即可在命令行中显示当前查询距离、倾斜角度等信息。

（2）角度查询

角度查询命令是【MEASUREGEOM】。执行该命令用于查询指定线段之间的角度大小。

命令：MEASUREGEOM

操作步骤：输入选项 [距离(D)/半径(R)/角度(A)/面积(AR)/体积(V)] <距离>：　A

执行角度命令后，单击鼠标左键逐步选择构成角度的两条线段或角度顶点，即可在命令行中显示其角度数值。

选项说明如下。

① 距离。表示所拾取的两点之间的实际长度。

② 半径。用于查询圆弧或圆的半径、直径等。

③ 角度。用于查询圆弧、圆、直线等对象角度。

④ 面积。用于查询单个封闭对象或由若干点围成区域的面积及周长等。

⑤ 体积。用于查询对象的体积。

（3）面积及周长查询

面积及周长查询命令是【AREA】(缩写为"AA"）。执行该命令用于查询对象面积和周长值，同时还可以对面积及周长进行加减运算。

命令：AA

指定第一个角点或 [对象(O)/增加面积(A)/减少面积(S)] <对象(O)>：选择需查询选项

选项说明如下。

① 指定角点。计算由指定点所定义的面积和周长。

② 增加面积。打开"加"模式，并在定义区域时即时保持总面积。

③ 减少面积。从总面积中减去指定的面积。

6.3.4　设计中心

使用AutoCAD2019的设计中心可以很容易地组织设计内容，并把它们拖动到当前图形中。AutoCAD2019的

设计中心类似于Windows的资源管理器，可执行对图形、块、图案填充和其他图形内容的访问等辅助操作，并在图形之间复制和粘贴其他内容，从而使设计者更好地管理外部参照、块参照和线型等图形内容。

（1）启动设计中心

命令：Ctrl＋2

系统打开设计中心。第一次启动设计中心时，它默认打开的选项卡为"文件夹"。内容显示区采用大图标显示，左边的资源管理器采用tree view显示方式显示系统的树形结构，浏览资源的同时，在内容显示区显示所浏览资源的有关细目或内容（见图6-43）。也可以搜索资源，方法与Windows系统的资源管理器类似（见图6-44）。

（2）利用设计中心插入图形

设计中心的一个最大的优点是可以将系统文件夹中的dwg图形当成图块插入当前图形中。

图6-43　启动设计中心

图6-44　使用设计中心查询功能

从查找结果列表框选择要插入的对象，用鼠标左键双击对象，弹出"插入"对话框（见图6-45）。在对话框中设置插入点、比例和旋转角度等数值，被选择的对象根据指定的参数插入图形中。

6.3.5　工具选项板

工具选项板是以选项卡的形式提供组织、共享和放置块及填充图案的区域。工具选项板还可以包含由第三方开发人员提供的自定义工具。设计中心与工具选项板的使用大大方便了绘图，提高了绘图的效率。

命令：Ctrl+3

执行上述操作后，系统自动弹出"工具选项板"窗口（见图6-46），单击鼠标右键，在系统弹出的快捷菜单中选择"新建选项板"命令（见图6-47），系统新建

一个空白选项卡，可以命名该选项卡。

利用工具选项板绘图时，只需将工具选项板中的图形单元拖动到当前图形，该图形单元就以图块的形式插入当前图形中。

6.3.6　特性

在AutoCAD中，对象的颜色、线型、图层、高度及文字样式等各类特性统称为对象属性。快速查找、改变对象的属性一般可通过特性命令，使用该命令时系统将打开"特性"对话框，该对话框列出了所选对象的所有属性，用户通过该对话框就可以很方便地修改对象属性。

命令：Ctrl+1

执行命令，系统弹出"特性"对话框（见图6-48）。利用此对话框可以方便地设置或修改对象属性。不同对象属性种类和值不同，修改属性值后，对象改变为新的属性。

图6-45　利用"设计中心"插入图形

图6-46　"工具选项板"窗口

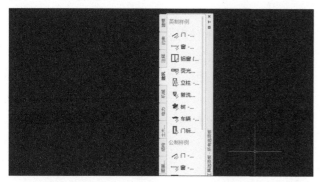

图6-47　创建工具选项板

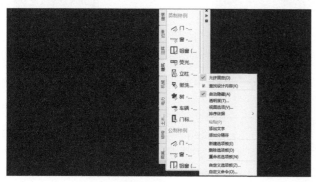

图6-48　"特性"对话框

6.3.7　特性匹配

特性匹配命令是【MATCHPROP】(缩写为"MA")。执行该命令可以将目标对象属性与源对象属性进行匹配，使目标对象属性与源对象属性相同。利用特性匹配功能可以方便快捷地修改对象属性。

命令：MA

选择源对象：选择匹配源对象

当前活动设置：颜色 图层 线型 线型比例 线宽 透明度 厚度 打印样式 标注 文字 图案填充 多段线 视口 表格 材质 阴影显示 多重引线

选择目标对象或[设置(S)]：选择目标对象

选择目标对象或[设置(S)]：回车键确认

小贴士

» 特性匹配命令是一个非常有用的编辑工具，用户可以使用此命令将源对象的属性（如颜色、线型、图层和线型比例等）传递给目标对象。操作时，用户要选择两个对象，第一个为源对象，第二个是目标对象。

6.4　AutoCAD的打印方法与技巧

室内设计施工图纸绘制完成之后，需要将其打印输出，在AutoCAD中有两种打印图纸的方式，分别是模型空间打印和图纸空间打印。两种不同的打印方法需要设置不同的参数。

6.4.1　模型空间打印

模型空间是常用的绘图空间，在其中对打印参数进行一定的设置后，可以对图纸执行打印输出操作。

（1）打开文件

使用打开【Ctrl+O】命令打开本书提供的"素材\第6章\办公空间平面布置图.dwg"文件。

（2）使用图签

为待打印的施工图添加绘制好的图签，可以更加明确地以规范的方式表明该图纸的出处、用处以及其他的制图信息等。

使用插入【I】命令，系统弹出"插入"对话框；鼠标点击"浏览"选项，打开"素材\第6章"文件夹，在其中选择名称为"A3图签"的图块，插入时设置比例为100，将图块插入当前视图（见图6-49）。使用移动【M】命令将图签放置在图形外部合适位置。

（3）页面设置

在对图纸执行打印输出操作前，应先进行页面设置。页面设置主要指打印参数的设置，包括打印机、图纸的尺寸、打印的方向等。页面设置完成后进行保存，以便下次打印图纸时使用。

右键单击模型图标，进入模型空间，选择页面设置管理器命令（见图6-50），系统弹出"页面设置管

图6-49　插入图签

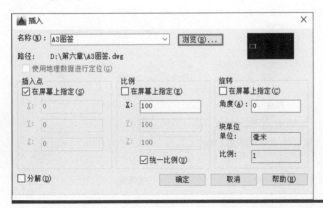

图6-50　选择页面设置管理器

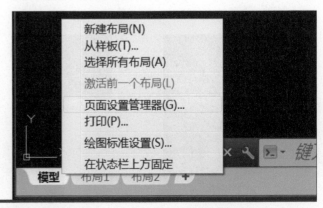

理器"对话框。单击"新建"按钮，系统弹出"新建页面设置"对话框，设置新页面的名称（见图6-51）。单击"确定"按钮，系统弹出"页面设置——模型"对话框，在其中设置打印机等各项参数（见图6-52）。单击"确定"按钮，返回"页面设置管理器"对话框，将刚才定义的新页面设置为当前正在使用的样式（见图6-53），单击"关闭"按钮关闭对话框，完成页面设置的操作。

（4）打印输出

打印的各项参数设置完成后，即可对图纸执行打印输出操作。

用鼠标右键单击模型图标，进入模型空间；选择"打印"命令，系统弹出"打印——模型"对话框（见图6-54），页面设置呈现已设置好的页面参数，根据实际需求连接打印机或绘图仪，也可以选择虚拟打印。

单击"打印区域"选项组下的"窗口"按钮，返回绘图区，使用矩形框选择需打印的图形。

返回"打印——模型"对话框，单击"预览"按

钮，打开图纸的预览窗口（见图6-55），在其中可以提前查看图纸的打印效果。

单击预览窗口左上角的"打印"按钮，即可打印图纸。

图6-53　设置当前样式

图6-51　新建页面设置

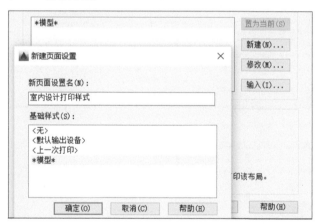

图6-54　设置打印——模型参数

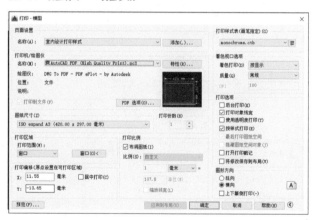

图6-52　页面设置——模型对话框

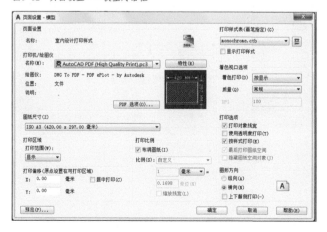

图6-55　图纸预览

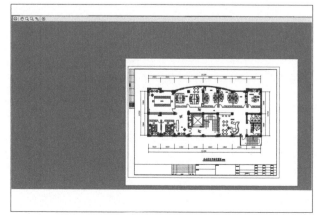

6.4.2 布局空间打印

布局是一种图纸空间环境，主要模拟显示图纸页面，布局空间可以通过创建不同的视口来打印比例不同的图形，可以在视口内调整图形的显示范围。

（1）打开文件

使用打开【Ctrl+O】命令打开本书提供的"素材\第6章\办公空间平面布置图.dwg"文件。

（2）页面设置

要在布局空间执行打印图纸操作，首先需要进入该空间，单击绘图区布局标签即可进入。布局空间默认输出为A4尺寸，因此在布局空间中打印输出图纸同样需先进行页面设置，以使打印输出的图纸符合使用要求。

在布局标签上单击鼠标右键，在弹出的快捷菜单中选择"页面设置管理器"命令（见图6-56），系统弹出"新建页面设置"对话框，定义新页面设置的名称（见图6-57），单击"确定"按钮，在弹出的"页面设置——布局打印"对话框中定义打印的各项参数（见图6-58），单击"确定"按钮关闭对话框。

在"页面设置管理器"对话框中将新页面设置为当前使用的样式，关闭对话框即可完成页面设置的操作。

（3）创建视口

进入布局空间,系统默认在布局空间生成一个视口,该视口默认为A4尺寸,不符合打印要求（见图6-59），使用删除【E】命令，将其删除。

图6-56 布局——页面设置管理器

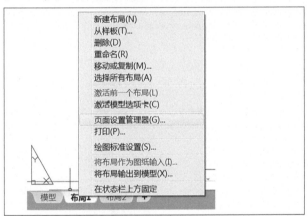

图6-57 布局——新建页面设置

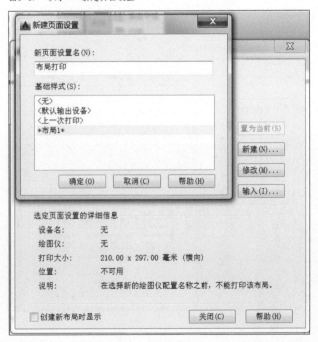

图6-58 布局打印页面设置

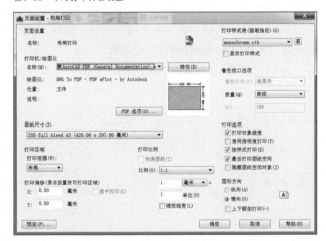

图6-59 布局——默认视口

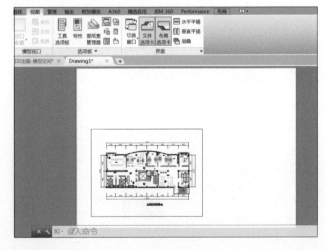

根据打印需要创建新视口，可以在视口中编辑待打印输出的图形，以便使其符合打印需求。

a.新建图层。使用图层【LA】命令新建"打印视口"图层，设置为不可打印模式，其余选项采用默认，并将其置为当前图层（见图6-60）。

b.新建视口。使用新建视口【VPORTS】命令，系统弹出"视口"对话框（见图6-61），根据需要选择视口样式，单击"确定"按钮即可设置新视口。

根据命令行的提示，在布局中单击视口的第一个角点，使用鼠标拖动矩形，单击对角点，创建新视口。

在视口边框内双击鼠标左键，待视口边框变粗时可进入视口中编辑图形，根据出图比例要求调整图形在视口内的显示效果，使用移动【M】命令适当调整图形位置（见图6-62）。

c.编辑视口。视口创建后，为了使其满足需要，可以根据需要对视口的大小和位置进行调整，相对于布局空间，视口和一般的图形对象没什么区别，每个视口均被绘制在当前层上，且采用当前层的颜色和线型。因此可使用通常的图形编辑方法来编辑视口。如需要调整视口大小，可以通过单击视口边线，鼠标拉伸和移动夹点的方法来调整视口的边界。

（4）加入图签

图形打印输出前需加入图签。执行插入【I】命令，在弹出的"插入"对话框中用鼠标点击"浏览"选项，打开"素材\第6章"文件夹，选择"A3图签"图块，单击"确定"按钮，即可将图签加入布局中。使用移动【M】命令调整图签的位置，使图签与图形处于虚线打印范围内（见图6-63）。

图6-60　新建视口图层并设置不可打印模式

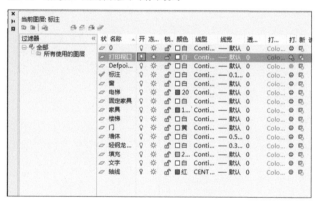

图6-62　根据出图比例要求调整图形在视口内的显示效果

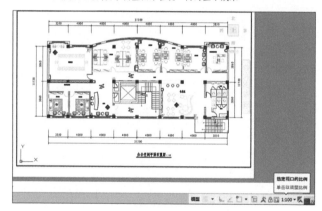

图6-61　视口对话框

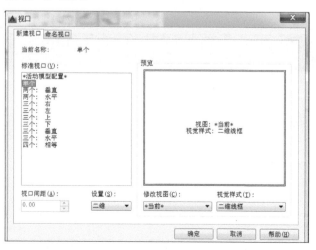

图6-63　加入图签

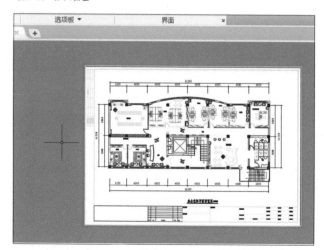

（5）布局打印

用鼠标右键单击布局图标，选择"打印"命令，系统弹出"打印——布局打印"对话框，页面设置显示了当前布局页面设置的内容（见图6-64），单击"预览"按钮，即可预览打印效果（见图6-65）。

单击预览窗口左上角的"打印"按钮，即可进行图纸打印。

图6-64 "布局打印"对话框

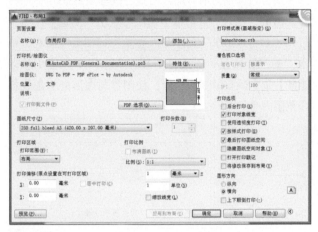

图6-65 布局预览效果

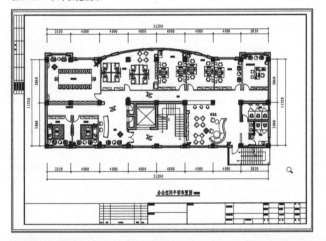

小贴士

» 打印出图时先设置打印页面参数，可以提高打印效率。

» 模型空间打印时图签尺寸根据出图比例进行调整和设定。

» 布局空间打印时图形与图签必须位于布局虚线边框内，才可被打印输出，超出虚线打印范围将不被打印。

思考与延伸

1.AutoCAD如何标注文字并修改？

2. 如何设计表格样式？

3.AutoCAD中如何将图形做成图块并可以在其他绘图空间中使用？

4.AutoCAD如何打印出图？

第 7 章　室内设计常用图块绘制

　　进行室内设计绘图时可以先设定样板文件，减少重复设置，提高绘图效率；室内设计中常常需要绘制家具、洁具、电器和灯具等各种设施图形，以便更真实和形象地表示设计的效果。本章介绍样板文件的设置，以及室内设计中一些常见的家具与电器设施的绘制方法和形态表达，通过这些图形的绘制练习，可进一步熟练掌握AutoCAD绘图和编辑命令。

7.1　绘图样板文件设置

　　样板文件指的就是包含一定的绘图环境、参数变量、绘图样式、页面设置等内容，但并未绘制图形的空白文件，当将此空白文件保存为"dwt"格式后，就成为样板文件。用户在样板文件的基础上绘图，可以避免许多参数的重复性设置，节省绘图时间，提高绘图效率。

7.1.1　创建样板文件

　　样板文件使用了特殊的文件格式，在保存时需要特别设置。

　　（1）新建文件

　　使用新建【Ctrl+N】命令，新建空白文件。

　　（2）保存文件

　　使用保存【Ctrl+S】命令，系统弹出"图形另存为"对话框，在"文件类型"下拉列表框中选择"AutoCAD 图形样板（dwt）"选项，输入文件名"室内设计施工图模板"，单击"保存"按钮保存文件（见图7-1）。样板文件设置好进行保存，在以后的绘图中，可以通过打开该样板文件进行绘图。

图7-1　样板文件保存对话框

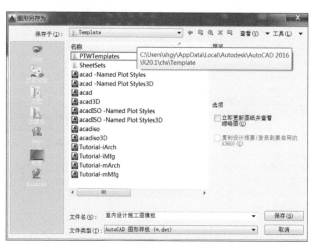

7.1.2　设置样板文件

(1)设置图形界限

室内设计所用的图纸都有一定的规格尺寸，室内施工图一般使用A3图幅打印输出，打印输出比例为1:100，所以图形界限通常设置为42000mm×29700mm。为了将绘制的图形方便地打印输出，在绘图前应设置好图形界限。

① 使用图形界限【LIMITS】命令，设置图形界限为42000mm×29700mm。

② 使用视图缩放【Z】命令，选择"全部(A)"缩放视图，使修改的图形界限区域全部显示在图形窗口内。

(2)设置图形单位

室内设计施工图通常采用毫米作为基本单位，即一个图形单位为1mm，并且采用1:1的比例，即按照实际尺寸绘图，在打印时再根据需要设置打印输出比例。

使用单位【UN】命令，打开"图形单位"对话框。设置"类型"为小数，"精度"为0.0。"插入时的缩放单位"为毫米。

(3)设置图层

绘制图形时，应先创建图层，方便绘图和管理。绘制室内设计施工图时一般需要创建轴线、墙体、门窗、标注、文字、家具、填充等图层。

① 使用图层【LA】命令，打开"图层特性管理器"对话框，设置图层的名称、线宽、线型和颜色(见图7-2)。

② 设置"轴线"图层。颜色为红色，线型为Center，线宽为默认。

③ 设置"墙体"图层。颜色为蓝色，线型为Continuous，线宽为0.50mm。

④ 设置"门窗"图层。颜色为黄色，线型为Continuous，线宽为默认。

⑤ 设置"家具"图层。颜色为深绿，线型为Continuous，线宽为默认。

⑥ 设置"填充"图层。颜色为灰色，线型为Continuous，线宽为默认。

⑦ 设置"标注"图层。颜色为绿色，线型为Continuous，线宽为0.13mm。

⑧ 设置"文字"图层。颜色为白色，线型为Continuous，线宽为默认。

(4)创建文字样式

图上的文字有尺寸文字、标高文字、图内文字说明、图名文字、轴线符号等。

使用文字样式【ST】命令，在弹出的"文字样式"对话框中，单击"新建"按钮，新建"图名文字"，选择字体为仿宋GB 2312，高度为3mm，勾选注释形。使用同样方法设置"图内文字"，字体为仿宋GB 2312，高度为1.5mm；"标注文字"字体为仿宋GB 2312，高度为2mm(见图7-3)。

图7-3　创建文字样式

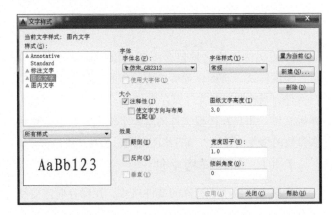

图7-2　图层设置

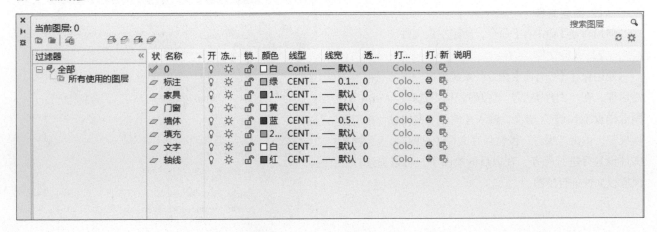

（5）设置标注样式

标注样式的设置应该与绘图比例相匹配。一般室内设计平面图以实际尺寸绘制，并以 1∶100 的比例输出，因此根据需要对标注样式进行如下设置。

使用标注样式【D】命令，创建一个名称为"室内设计标注样式"的标注样式，用于室内施工图的标注（见图7-4~图7-9）。

图7-4　创建新标注样式对话框

图7-5　设置室内设计标注样式的线参数

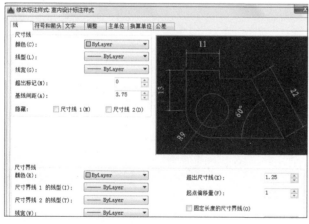

图7-6　设置室内设计标注样式的符号和箭头参数

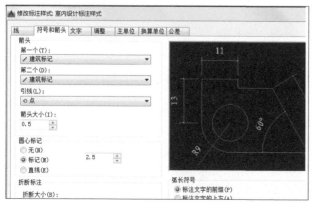

图7-7　设置室内设计标注样式的文字参数

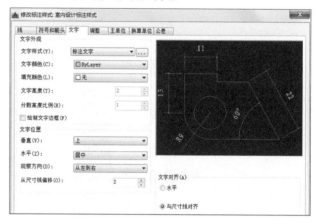

图7-8　设置室内设计标注样式的调整参数

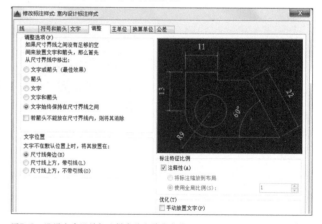

图7-9　设置室内设计标注样式的主单位参数

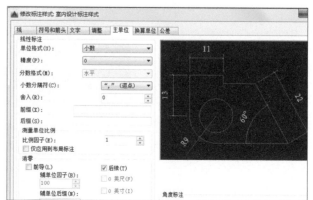

（6）设置多重引线样式

多重引线标注用于对指定部分进行文字解释说明，由箭头、引线和引线内容三部分组成。下面创建一个名称为"室内引线样式"的多重引线样式，用于室内施工图的引线标注。

使用工具板"多重引线样式"命令，打开"多重引线样式管理器"对话框，在对话框中单击"新建"按钮，设置新样式为"室内引线样式"，设置相关参数（见图7-10~图7-13）。

样板文件设置完成后，按Ctrl+S组合键进行保存。

图7-10　"创建新多重引线样式"对话框

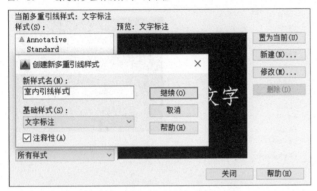

图7-11　设置多重引线格式

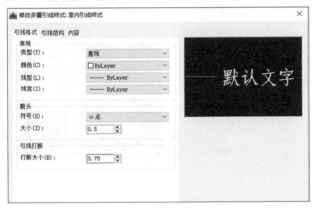

图7-12　设置引线结构

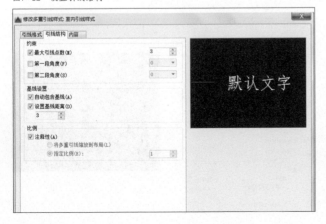

7.2　常用家具图块绘制

家具陈设是室内设计中必不可少的环节，具有实用和美观双重功效，起到调节色彩、创造氛围、组织空间、划分功能的作用（见图7-14）。家具图形各式各样，类型繁多，所有的家具绘制，都要根据其造型特点（如对称性等）逐步完成（见图7-15）。

图7-13　设置多重引线内容

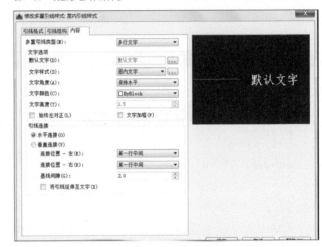

图7-14　室内家具陈设

图7-15　家具造型的对称性特点

7.2.1　绘制沙发组合平面图块

沙发组合是现代室内空间常见的家具，沙发和茶几的样式繁多，尺寸多样（见图7-16）。选择沙发和茶几组合的尺寸及造型时要考虑空间尺寸（见图7-17）。AutoCAD软件在绘制图形时，沙发和茶几主要用于表现空间布置效果，对样式没有特别的规定，选择适合空间尺寸的图形即可。

下面以现代沙发组合平面图绘制为例，介绍沙发组合图块绘制方法与操作技巧。

本例主要使用矩形【REC】、分解【X】、偏移【O】、修剪【TR】、图案填充【H】、圆角【F】、镜像【MI】等命令绘制图形（见图7-18）。

（1）绘制三人沙发

① 绘制沙发外轮廓。执行矩形【REC】命令，绘制长宽尺寸为2100mm×870mm，圆角半径80mm的矩形（见图7-19）。

② 绘制沙发结构尺寸。使用分解【X】命令，将矩形分解；使用偏移【O】命令，将矩形上边线向下依次偏移150mm、100mm，将矩形下边线向下偏移50mm，将左右两侧线段向内偏移150mm（见图7-20）。

③ 绘制沙发靠背结构及坐垫。使用DIV【定数等分】、L【直线】命令，将沙发靠背线段分成3等份并绘制出沙发靠背一个结构；使用TR【修剪】命令将多余线段进行修剪（见图7-21）；使用圆角【F】命令，指定圆

图7-16　沙发样式繁多、尺寸多样

图7-17　在选择沙发与尺寸和造型时要考虑空间尺寸

图7-18　沙发组合绘制

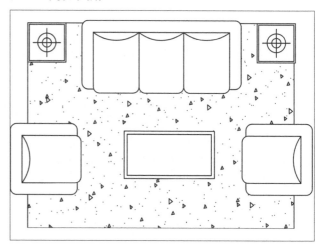

图7-19　沙发外轮廓绘制（单位：mm）

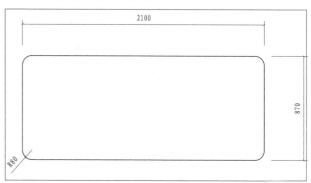

图7-20　绘制沙发结构尺寸（单位：mm）

图7-21　绘制沙发靠背（单位：mm）

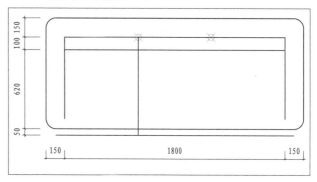

角半径为80mm，绘制完成左边沙发坐垫；使用圆弧【A】命令，捕捉线段中点绘制靠背。

④ 复制其余靠背及坐垫。使用复制【CO】命令复制其余两个坐垫和靠背，修剪多余的线段，三人沙发绘制完成（见图7-22）。

（2）绘制单人沙发

① 绘制左侧单人沙发。使用复制【CO】命令复制三人沙发，删除右边扶手及中间与右边的靠背与沙发坐垫，使用镜像【MI】命令镜像扶手，修剪多余线条。

② 移动左侧单人沙发位置。使用旋转【RO】命令旋转沙发，角度90°；使用移动【M】命令移动到合适位置。

③ 绘制右侧单人沙发。使用镜像【MI】命令，以三人沙发中点为镜像线，得到右侧单人沙发。

（3）绘制茶几和填充玻璃材质

① 绘制茶几。使用矩形【REC】命令，绘制尺寸为1200mm×600mm的矩形；使用偏移【O】命令，将矩形向内偏移40mm。

② 填充玻璃材质。使用图案填充【H】命令，填充玻璃材质。填充参数为：图案"AR-RROOF"，角度45°，比例120（见图7-23）。

（4）绘制角几与台灯

① 绘制角几。使用矩形【REC】命令，绘制一个尺寸为500mm×500mm的矩形，使用偏移【O】命令，将矩形向内偏移20mm。

② 绘制台灯。使用圆【C】命令，于角几中心绘制2个半径分别为120mm、60mm的同心圆；使用直线【L】命令，过圆心绘制十字（见图7-24）。

（5）绘制地毯

① 使用矩形【REC】命令，绘制一个尺寸为3500mm×2600mm的矩形，使用修剪【TR】命令修剪重合线段。

② 填充地毯花纹。使用图案填充【H】命令，填充地毯图形。填充参数为：图案"AR-CONC"，角度45°，比例60（见图7-25）。

至此，沙发组合图形绘制完毕，按Ctrl+S组合键保存图形。使用写块【W】命令，将绘制好的图形保存为图块，以便以后绘图时使用。

图7-23 茶几图案填充（单位：mm）

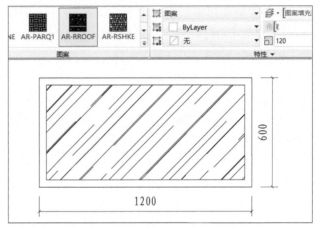

图7-24 根据尺寸绘制角几与台灯（单位：mm）

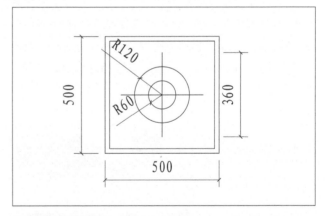

图7-22 三人沙发绘制（单位：mm）

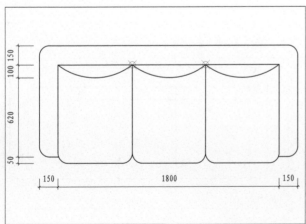

图7-25 地毯图案填充

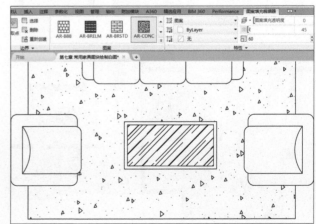

7.2.2　绘制餐桌和餐椅平面图块

餐桌和餐椅组合家具在餐厅的布局和塑造用餐的环境氛围中起到重要作用（见图7-26），餐桌和餐椅除实用价值外也体现丰富的艺术特色（见图7-27和图7-28）。设计时应根据餐厅的实际空间大小及流畅性来决定餐桌的尺寸及形状。

正方形餐桌常用尺寸为760mm×760mm，长方形餐桌常用尺寸为1070mm×760mm。餐桌高度一般为710mm，配415mm高度的坐椅。圆形餐桌常用的尺寸为直径900mm、1200mm、1500mm，分别坐4人、6人、10人。

一般餐椅高为450mm～500mm，餐桌、餐椅配套使用，桌椅高度差应控制在280mm～320mm范围内。室内设计中餐桌和餐椅的布置一定要依据人体工程学要求来设计（见图7-29）。

下面以餐桌和餐椅组合平面图块绘制为例，介绍餐桌和餐椅组合图块绘制的方法与操作技巧。

本例主要使用矩形【REC】、分解【X】、修剪【TR】等命令绘制图形（见图7-30）。

图7-26　餐桌和餐椅组合家具在餐厅布局及环境氛围中起到重要作用

图7-27　餐桌和餐椅形状多样、造型表现丰富

图7-28　设计时应根据餐厅的实际空间大小及流畅性来决定餐桌的尺寸及形状

图7-29　室内设计中餐桌和餐椅的布置要依据人体工程学要求来进行（单位：mm）

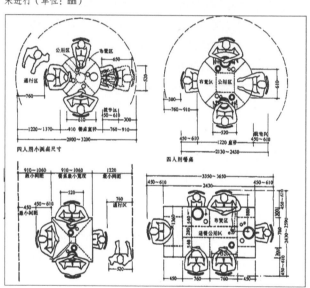

图7-30　餐桌和餐椅组合平面图块绘制

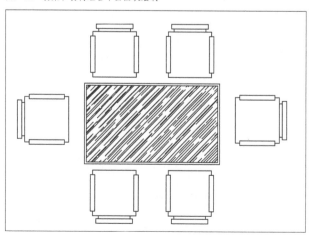

（1）绘制长方形桌面

① 绘制桌面图形。使用矩形【REC】命令，绘制一个尺寸为1400mm×800mm的矩形；使用偏移【O】命令，将矩形向内偏移20mm。

② 填充玻璃图案。使用图案填充【H】命令，对内矩形填充玻璃图案。填充参数为：图案"AR-RROOF"，角度45°，比例60（见图7-31）。

（2）绘制椅子

① 绘制椅子基本结构。使用矩形【REC】命令，绘制一个尺寸为450mm×450mm的矩形；使用分解【X】命令，分解矩形；使用偏移【O】命令，从上边线依次向下偏移尺寸45mm、360mm、45mm、30mm、45mm（见图7-32）。

② 绘制椅子右侧扶手造型。使用多段线【PL】命令按照尺寸绘制椅子右侧扶手（见图7-33）。

③ 绘制椅子右边靠背造型。使用偏移【O】命令，从椅子右边线依次向左偏移尺寸35mm、25mm；使用延伸【EX】命令延长线段相交于水平线（见图7-33）。

④ 绘制左侧扶手及靠背。使用镜像【MI】命令选择右边扶手及靠背镜像到左侧。

⑤ 修剪图形，完成绘制。使用修剪【TR】命令修剪多余线段，得到椅子图形（见图7-34）。

（3）绘制椅子组合

① 绘制右侧椅子。使用移动【M】命令，调整椅子与餐桌的位置；使用镜像【MI】命令，选择左侧椅子镜像，得到右侧椅子（见图7-35）。

② 使用复制【CO】、旋转【RO】、镜像【MI】命令完成椅子其他图形的绘制。

至此，餐桌和餐椅组合图形绘制完毕，按Ctrl+S组合键进行保存。使用写块【W】命令，将绘制好的图形保存成图块，以便以后绘图时使用。

图7-31 绘制长方形桌面并填充图案（单位：mm）

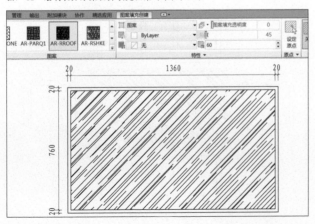

图7-32 按照尺寸绘制椅面图形（单位：mm）

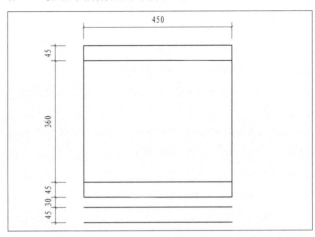

图7-33 按照尺寸绘制椅子右侧扶手及靠背部分（单位：mm）

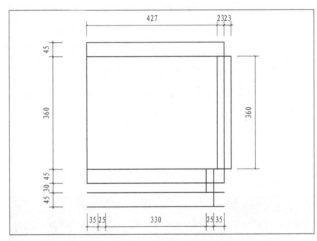

图7-34 绘制左侧扶手及靠背，完成椅子图形绘制（单位：mm）

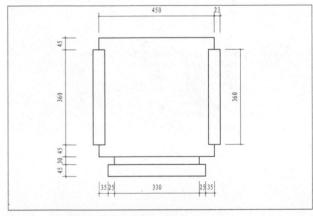

图7-35 使用镜像【MI】命令，得到右侧椅子（单位：mm）

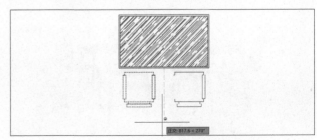

7.2.3　绘制双人床组合平面图块

床在日常生活中占有极为重要的地位，床不仅是供人休息、睡觉的家具，也是家庭的装饰品之一（见图7-36）。根据功能和空间需要，床的种类多样，形式各异（见图7-37）。一般单人床宽度为900mm、1050mm、1200mm；长度为1800mm、1860mm、2000mm、2100mm。双人床宽度为1350mm、1500mm、1800mm；长度为1800mm、2000mm、2100mm、2200mm。

下面以双人床组合平面图块绘制为例，介绍双人床组合平面图块绘制方法与操作技巧。

本例主要使用矩形【REC】、偏移【O】、圆弧【A】等命令绘制图形（见图7-38）。

（1）绘制双人床的基本结构

使用矩形【REC】命令绘制一个尺寸为1800mm×2000mm的矩形；使用分解【X】命令将其分解；使用偏移【O】命令，选择矩形上边线依次偏移尺寸70mm、450mm、200mm、900mm、40mm、340mm；选择矩形左边线依次向右偏移尺寸

图7-36　地中海风格的床体设计使卧室充满浪漫气息

图7-37　现代风格的床简洁大方并且空间舒适宽敞

380mm、40mm、1380mm。使用圆角【F】命令，在床下部绘制半径为80mm的圆角（见图7-39）。

（2）绘制被子

使用圆弧【A】命令绘制出被子的折角；使用修剪【TR】命令修剪多余线条，被子图形绘制完成（见图7-40）。

图7-38　双人床组合平面图块绘制

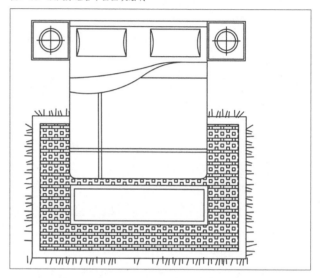

图7-39　绘制双人床的基本结构（单位：mm）

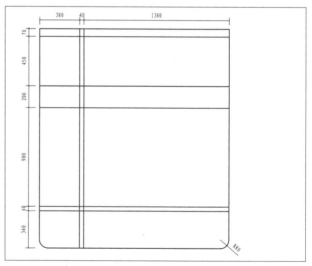

图7-40　绘制被子的折角

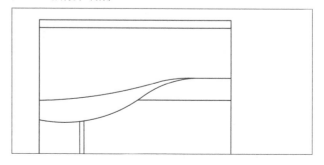

（3）绘制枕头造型

① 绘制枕头图形。使用矩形【REC】命令，绘制一个尺寸为650mm×350mm的矩形。

② 绘制装饰线。使用圆弧【A】命令，绘制枕头装饰线（见图7-41）。

（4）绘制床头柜及台灯

① 绘制左边床头柜。以双人床的左上角点为起点，使用矩形【REC】命令绘制一个 500mm×500mm 的矩形，并向内偏移 20mm。

② 绘制左边台灯。使用圆【C】命令，以矩形的中心点为圆心，于矩形中心位置绘制2个半径分别为120mm、150mm 的同心圆，使用直线【L】命令，从圆心向四周画出4 条长 180mm 的线段（见图7-42）。

③ 绘制右边床头柜及台灯。使用镜像【MI】命令，以床中点为镜像线，将左边床头柜及台灯镜像到右侧，两个床头柜绘制完成（见图7-43）。

（5）绘制床尾凳

① 绘制床尾凳图形。使用矩形【REC】命令绘制尺寸为1800mm×500mm的矩形。使用偏移【O】命令，选择矩形向内偏移50mm。

② 移动床尾凳到合适位置。使用移动【M】命令移动床尾凳并放置到床尾合适位置（见图7-44）。

（6）绘制地毯

① 选择合适位置绘地毯图形。使用矩形【REC】命令绘制尺寸为2800mm×1800mm的矩形；使用偏移【O】命令向内偏移100mm；使用修剪【TR】命令修剪多余线段。

② 填充地毯图案。使用图案填充【H】命令填充地毯图案。填充参数为：图案"BOX"，角度270°，比例150（见图7-45）；使用直线【L】命令，复制【CO】命令绘制地毯装饰线。

至此，双人床图形绘制完成，按Ctrl+S组合键进行保存。使用写块【W】命令，将绘制好的图形保存成图块，以便以后绘图时使用。

图7-41　绘制枕头造型（单位：mm）

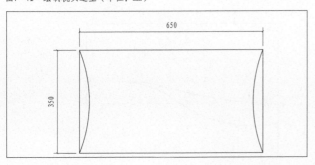

图7-42　根据尺寸绘制床头柜与台灯（单位：mm）

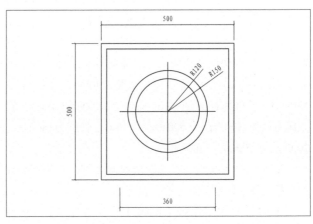

图7-43　使用镜像【MI】命令获得两个床头柜

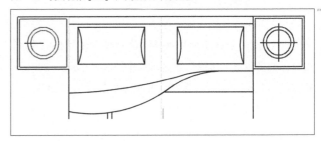

图7-44　根据尺寸绘制床尾凳（单位：mm）

图7-45　绘制地毯填充图案（单位：mm）

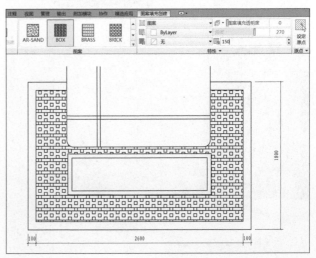

7.2.4 绘制餐边柜立面图块

柜类家具用于陈列衣物、被服、书籍、器皿、用具或展示装饰品等（见图7-46）。柜类家具尺寸多样，适合不同的放置位置，满足人使用时的便捷性，加上艺术化处理，为空间增添独特魅力（见图7-47和图7-48）。

下面以餐边柜立面图块绘制为例，介绍餐边柜立面图块绘制方法与操作技巧。

本例主要使用矩形【REC】、分解【X】、偏移【O】、修剪【TR】等命令绘制图形（见图7-49）。

（1）绘制长方形桌面

使用矩形【REC】命令，绘制一个尺寸为1500mm×80mm的矩形，并使用分解【X】命令，将其分解。

（2）绘制柜体

使用偏移【O】命令，从矩形下边线开始依次偏移尺寸540mm、50mm、100mm；使用直线【L】命令，捕捉左上角点向下绘制左边线（见图7-50）；使用偏移【O】命令，从矩形左边线依次偏移尺寸30mm、30mm、276mm、276mm（见图7-51）；使用修剪【TR】命令、删除【E】

图7-46 现代衣柜家具功能多样，实用性强

图7-47 墙边柜造型优雅并且使用方便

图7-48 北欧风格的柜类家具简洁明快

图7-49 餐边柜立面图绘制（单位：mm）

图7-50 绘制柜体基本结构（单位：mm）

图7-51 绘制柜体左边基本结构（单位：mm）

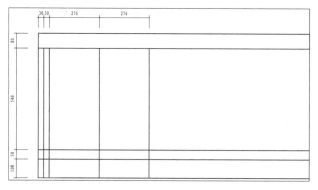

命令修剪和删除多余线段，得到桌子左边立面图形（见图7-52）；使用镜像【MI】命令，以柜子中点为镜像线，得到右侧图形（见图7-53）。

（3）绘制装饰品

① 使用圆【C】命令绘制半径220mm、240mm的同心圆；使用圆【C】命令、圆弧【A】命令绘制内部装饰图案（见图7-54），装饰品绘制完毕。

② 使用移动【M】命令，选中"装饰品"图形下部象限点，移动装饰品图形到柜体最上边中点处。

至此，餐边柜立面图形绘制完成，按Ctrl+S组合键进行保存。使用写块【W】命令，将绘制好的图形保存成图块，以便以后绘图时使用。

7.3 常用厨卫图块绘制

厨卫用具包括厨房用具与卫生间洁具。厨房用具主要包括灶台、抽油烟机、燃气灶等，现代厨房用具已逐步走向科技化与智能化，为舒适的生活提供便利条件（见图7-55）。卫生间洁具主要包括踏便器、马桶、洗面盆、小便斗、浴盆等（见图7-56），多样化造型与便捷的使用满足日常生活需求。厨卫用具无论是什么图块，在绘制时都要根据空间的需求和人体工程学要求进行尺寸绘制，不可随意放大或缩小，对于图块造型不做过多要求。

图7-52 绘制餐边柜左边立面图形（单位：mm）

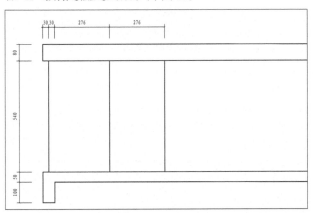

图7-53 使用镜像【MI】命令绘制右侧图形（单位：mm）

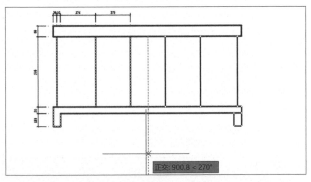

图7-54 绘制装饰品图形（单位：mm）

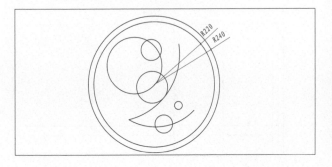

图7-55 厨房用具主要包括灶台、抽油烟机、洗菜盆等

图7-56 卫生间洁具主要包括马桶、洗面盆、小便斗、浴盆等

7.3.1　绘制燃气灶平面图块

燃气灶是厨房空间常见的用具，按灶眼一般划分为单灶、双灶和多眼灶（见图7-57）。在设计中既要考虑功能的最大化使用，也要考虑用具与空间的氛围也需要契合（见图7-58）。常见的燃气灶外形尺寸主要有748mm×405mm×148mm、740mm×430mm×140mm、720mm×400mm×125mm三种。

下面以燃气灶平面图块绘制为例，介绍燃气灶平面图块绘制方法与操作技巧。

本例主要使用矩形【REC】、圆【C】、修剪【TR】、复制【O】、阵列【AR】等命令绘制图形（见图7-59）。

图7-57　燃气灶的类型

图7-58　灶具在空间设计中功能与氛围也需要契合

图7-59　燃气灶平面图绘制

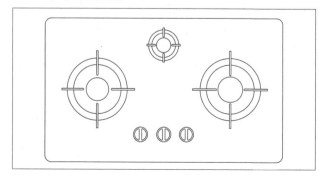

（1）创建燃气灶外侧矩形轮廓线

使用矩形【REC】命令，绘制尺寸为750mm×440mm、圆角半径20mm的圆角矩形，作为灶台的外轮廓。使用直线【L】命令，利用矩形左右、上下中点绘制水平，垂直两条辅助线（见图7-60）。

（2）绘制左边灶孔和支架

① 绘制左边灶孔。使用圆【C】命令，在图形的左边中点位置绘制一个半径为30mm的圆，使用偏移【O】命令，向外分别偏移45mm、20mm，画出灶孔的形状（见图7-61）。

② 绘制左边灶孔一个支架。使用多段线【PL】命令，在燃气灶图形左边绘制一个支架造型，长宽尺寸为73mm×5mm。使用移动【M】命令,使支架中点与半径为75mm的圆象限点相交。

图7-60　创建燃气灶外侧轮廓结构（单位：mm）

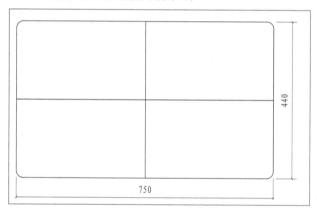

图7-61　绘制左边灶孔（单位：mm）

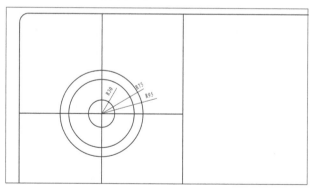

图7-62　绘制支架造型（单位：mm）

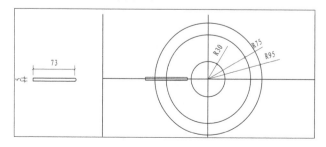

③ 绘制其他支架。使用阵列【AR】命令，选择"极轴（PO）"选项，阵列出其他支架（见图7-62）。

④ 修剪图形。使用修剪【TR】命令修剪多余线段，得到燃气灶左边图形。

（3）绘制右边灶孔

使用镜像【MI】命令，选择左边绘制的灶孔及支架，以外轮廓上边线中点为镜像线，得到另一个灶孔。

（4）绘制小灶孔

借助中点辅助线，用同样方法绘制小灶孔。小灶孔是半径为20mm、37mm、47mm的三个同心圆，支架造型尺寸为25mm×5mm（见图7-63）。

（5）绘制燃气灶点火按钮图形

① 绘制燃气灶点火按钮轮廓图形。使用圆【C】命令，绘制半径为23mm的圆，使用偏移【O】命令，选择圆向内偏移4mm。

② 绘制燃气灶点火按钮中间部分。使用直线【L】

命令过圆心绘制中线；使用偏移【O】命令，选择中线左右偏移4mm。

③ 使用修剪【TR】命令、删除【E】命令把多余线段进行修剪、删除，完成燃气灶点火按钮图形绘制（见图7-64）。

④ 放置燃气灶中间点火按钮到合适位置。使用复制【CO】命令选择已绘制好的按钮，基点选为图形最上边象限点，放置在燃气灶下部水平和竖直交叉中点位置。

⑤ 放置燃气灶左右点火按钮到合适位置。使用同样方法复制图形放入左右两边，每个按钮之间的距离为30mm。

⑥ 修剪图形，完成绘制。使用修剪【TR】命令、删除【E】命令把多余线进行修剪、删除，完成燃气灶图形绘制。

至此，燃气灶图形绘制完毕，按Ctrl+S组合键进行保存。使用写块【W】命令，将绘制好的图形保存成图块，以便以后绘图时使用。

7.3.2 绘制洗涤槽平面图块

作为厨房空间必备的物品之一，洗涤槽常见的类型有单水槽和双水槽，以不锈钢材质居多，无论是哪一种洗涤槽都带有水龙头和下水孔（见图7-65）。单水槽一般在540mm×400mm左右，双水槽在800mm×500mm左右，三水槽在1000mm×500mm左右。

下面以洗涤槽平面图块绘制为例，介绍洗涤槽平面图块绘制方法与操作技巧。

图7-63　绘制小灶孔（单位：mm）

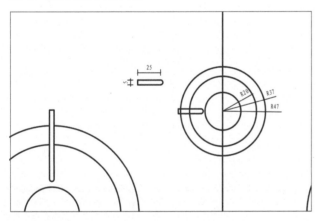

图7-64　绘制燃气灶点火按钮部分的图形（单位：mm）

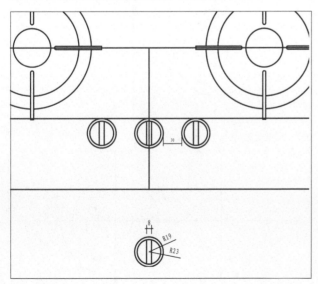

图7-65　洗涤槽常见样式

本例主要使用矩形【REC】、圆【C】、圆角【F】、修剪【TR】等命令绘制图形（见图7-66）。

（1）绘制洗涤槽外轮廓

使用矩形【REC】命令，绘制一个尺寸为700mm×450mm，圆角半径为30mm的圆角矩形，使用分解【X】命令将其分解（见图7-67）。

（2）绘制洗涤槽

① 绘制洗涤槽基本结构。使用偏移【O】命令，选择上边线依次向下偏移尺寸80mm、340mm、30mm；选择左边线依次向右偏移尺寸30mm、200mm、40mm、400mm、30mm。

② 绘制洗涤槽下部圆角。使用圆角【F】命令，将当前设置改为"模式=不修剪，半径=60"，分别在左、右洗涤槽设置圆角，绘制出左、右洗涤槽轮廓线（见图7-68）。

③ 使用修剪【TR】命令，修剪多余线段，得到洗涤槽基本图形。

（3）水龙头及开关绘制

① 绘制水龙头。使用直线【L】命令，在空白处绘制两条相互垂直的线段，水平线段长20mm，竖直线段长120mm；使用旋转【RO】命令，将竖直线段以最下方端点为"基点"，旋转10°；使用镜像【MI】命令镜像左侧结构；根据尺寸绘制辅助线，使用圆弧【A】命令绘制

圆弧（见图7-69）；删除辅助线，水龙头绘制完成。

② 移动水龙头。使用移动【M】命令、旋转【RO】命令放置水龙头到水槽上合适位置。

③ 绘制开关。使用圆【C】命令，在图内相应位置绘制三个半径为20mm的圆代表开关（见图7-69）。

（4）下水孔绘制

使用圆【C】命令捕捉左侧槽的中点，画一个半径为25mm的圆；使用复制【CO】命令复制圆到右侧槽的中点（见图7-70）。

至此，洗涤槽平面图形绘制完毕，按Ctrl+S组合键进行保存。使用写块【W】命令，将绘制好的图形保存成图块，以便以后绘图时使用。

图7-68 绘制洗涤槽基本结构（单位：mm）

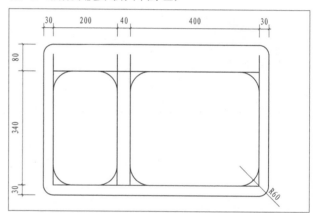

图7-66 洗涤槽平面图绘制

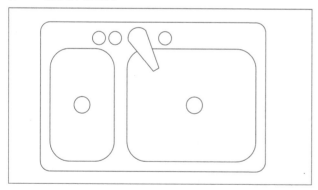

图7-69 绘制水龙头（单位：mm）

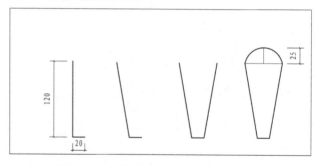

图7-67 绘制洗涤槽外轮廓（单位：mm）

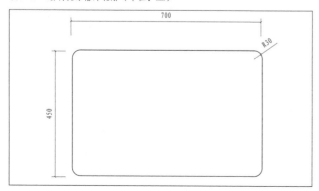

图7-70 绘制下水孔（单位：mm）

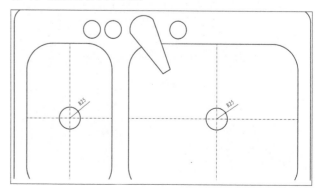

7.3.3 绘制坐便器平面图块

坐便器是卫生间常见的洁具用品之一，样式多样，适合不同的家居和公共空间的需求（见图7-71）。一般在室内空间使用的净宽度为750~1000mm。

下面以坐便器平面图块绘制为例，介绍坐便器平面图块绘制方法与操作技巧。

本例主要使用矩形【REC】、修剪【TR】、椭圆【EL】等命令绘制图形（见图7-72）。

（1）绘制坐便器水箱

① 绘制水箱外部轮廓。使用矩形【REC】命令，绘制 450mm × 180mm 的矩形。

② 绘制水箱下部圆角结构。使用圆角【F】命令，选择矩形下面左右角点进行圆角处理，圆角半径为60mm（见图7-73）。

（2）绘制马桶座

① 绘制马桶座外部轮廓。使用椭圆【EL】命令，捕捉矩形下边中点，绘制长轴直径 565mm、短轴直径 440mm 的椭圆。

② 绘制马桶座内部轮廓。使用偏移【O】命令将椭圆向内偏移60mm（见图7-74）。

图7-71 坐便器是卫生间常见的洁具

图7-72 坐便器平面图块绘制

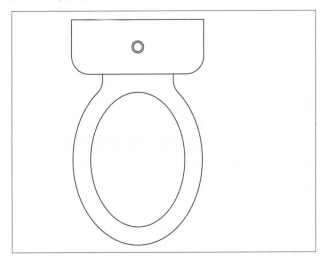

图7-73 绘制坐便器水箱（单位：mm）

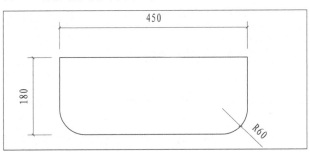

图7-74 绘制坐便器座部结构（单位：mm）

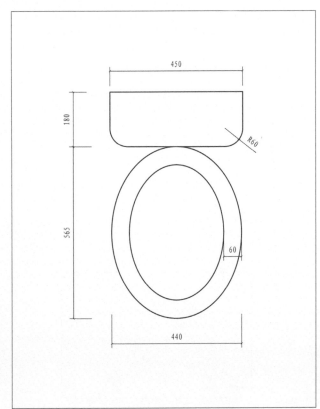

（3）绘制连接处

① 绘制连接处辅助线。使用直线【L】命令，捕捉椭圆上下两个象限点绘制直线；使用偏移【O】命令，选择直线，左右各偏移120mm（见图7-75）。

② 绘制连接处圆角。使用圆角【F】命令，选择坐便器连接处左右角点进行圆角处理，圆角半径为60mm。

③ 修剪图形。使用修剪【TR】命令修剪图形，完成连接处绘制（见图7-76）。

（4）绘制冲水按钮

使用直线【L】命令，捕捉矩形上下边线水平中点绘制直线；使用圆【C】命令，捕捉垂直线中点绘制半径为20mm的圆，使用偏移【O】命令，选择圆向内偏移，距离为5mm（见图7-77）。

至此坐便器图形绘制完成，按Ctrl+S组合键进行保存。使用写块【W】命令，将绘制好的图形保存成图块，以便以后绘图时使用。

图7-75　按照尺寸绘制坐便器水箱与座部绘制连接处结构（单位：mm）

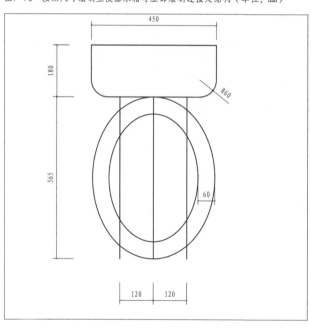

图7-77　绘制冲水按钮（单位：mm）

图7-76　使用圆角【F】、修剪【TR】命令完成连接处绘制（单位：mm）

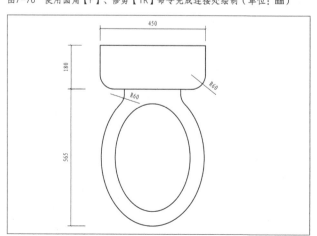

小贴士

» 在使用圆角命令时，如果多个直角共用一条直线，则倒圆角时需要关闭"修剪"模式；否则共用直线多余的部分在倒圆角时将被修剪掉。可以使用"不修剪"模式先倒出圆弧，然后一起修剪。

7.4　电器与灯具图块绘制

电器主要指在家庭及类似场所中使用的各种电气和电子器具。家用电器使人们从繁重、琐碎、费时的家务劳动中解放出来，为人类创造了更为舒适优美、更有利于身心健康的生活和工作环境，提供了丰富多彩的文化娱乐条件，已成为现代家庭生活的必需品（见图7-78）。

7.4.1　绘制电视机立面图块

电视机是客厅和房间内常用的电器之一，也是人们生活和娱乐的重要工具。规格从 21～60 in（1in=25.4mm）不等（见图7-79）。

下面以电视机立面图块绘制为例，介绍电视机立面图块绘制方法与操作技巧。

图7-78　家用电器已成为现代家庭生活的必需品

图7-79　电视机是客厅和房间内常用的电器之一

本例主要使用矩形【REC】、圆【C】、修剪【TR】、复制【CO】、图案填充【H】等命令绘制图形（见图7-80）。

（1）绘制电视机外部轮廓

① 绘制电视机外部结构。使用矩形【REC】命令，绘制一个尺寸为1030mm×630mm、圆角半径为10mm的圆角矩形。

② 绘制电视机外部轮廓。使用偏移【O】命令，选择矩形，向内偏移20mm和32mm。

③ 绘制外轮廓边角连线。使用直线【L】命令，做外轮廓边角连线（见图7-81）。

④ 填充外轮廓图案。使用图案填充【H】命令，对外轮廓进行填充，填充参数为：图案"ANSI31"，角度0°，比例50（见图7-82）。

图7-80　电视机立面图块绘制

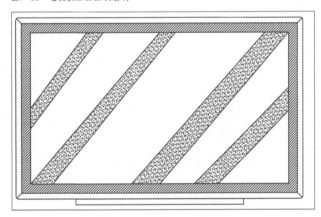

图7-81　绘制电视机外部轮廓（单位：mm）

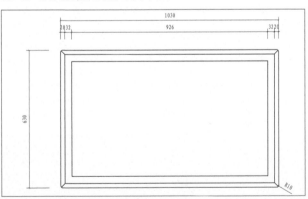

图7-82　电视机外部轮廓图案填充

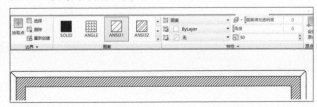

（2）绘制电视机屏幕

① 绘制内部图案结构。使用直线【L】命令，绘制平行线，作为电视机内部图案结构（见图7-83）。

② 填充内部图案。使用图案填充【H】命令，对内部图形进行填充，填充参数为：图案"AR-SAND"，角度0°，比例5（见图7-84）。

（3）绘制底座和连接底座

① 绘制底座。使用矩形【REC】命令，绘制一个尺寸为600mm×20mm的矩形。

② 连接底座。使用移动【M】命令，捕捉电视机外部轮廓中点，将底座与电视相连（见图7-85）。

至此，整个电视机立面图形绘制完成，按Ctrl+S组合键进行保存。使用写块【W】命令，将绘制好的图形保存成图块，以便以后绘图时使用。

图7-83　绘制电视机内部图案结构

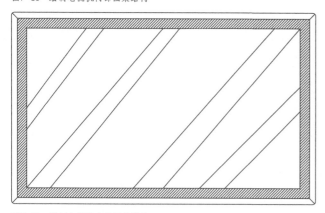

图7-84　绘制电视机内部图案填充

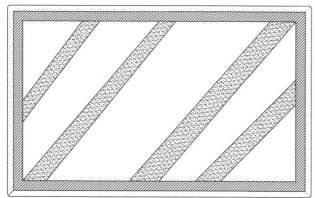

图7-85　绘制电视机的底座（单位：mm）

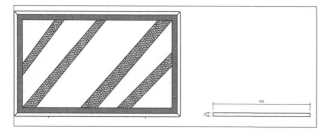

7.4.2　绘制灯具图块

在室内设计中，灯具不仅是照明工具，同时也具有陈设装饰的作用（见图7-86）。灯具的造型与色彩，为室内氛围的组成增光添彩。灯具在摆放和选择环境上有所不同，吊灯适合于空间高一些的环境，如居室设计的客厅、酒店大堂、商业空间中庭等场合；吸顶灯是直接安装在天花板上的一种灯，简洁大方，办公空间设计经常采用；落地灯和台灯常用作局部照明使用；壁灯光线比较柔和，适合于卧室、卫生间、过道等照明；射灯和筒灯可安置在吊顶四周或家具上部，也可置于墙内、墙裙或踢脚线里（见图7-87）。光线直接照射在需要强调的家具器物上，达到重点突出、层次丰富的艺术效果，既可对整体照明起主导作用，又可局部采光，烘托气氛。

图7-86　别墅空间华美的吊灯既是照明工具也是顶部的装饰

图7-87　卧室的吊灯简洁明快，台灯作局部照明，射灯和筒灯安置在吊顶四周和家具上部，共同营造层次丰富的光照效果

7.4.3　绘制吊灯立面图块

吊灯是指吊装在室内天花板上的高级装饰照明灯，吊灯的形态多样、材质丰富、缤纷多彩的艺术效果为室内照明提供独特魅力（见图7-88）。一般吊灯的安装高度，其最低点应离地面不小于2.2m。

下面以吊灯立面图块绘制为例，介绍吊灯立面图块绘制方法与操作技巧。

本例主要使用圆【C】、修剪【TR】、阵列【AR】、直线【L】等命令绘制图形（见图7-89）。

（1）吊灯顶部结构

① 绘制吊灯顶部基本结构。使用矩形【REC】命令，绘制一个尺寸为300mm×5mm的矩形；使用分解【X】命令将矩形分解。

② 绘制斜边。使用偏移【O】命令，选择下边线向

下偏移15mm；使用直线【L】命令，利用极轴追踪功能，绘制左右两边角度均为 45°的连线。

③ 绘制吊灯顶部的圆角。使用圆角【F】命令，选择矩形下面左右角点进行圆角处理，圆角半径为10mm（见图7-90）。

（2）吊灯连接结构

① 绘制连接中线结构。使用直线【L】命令，过中点向下做长度为320mm线段；使用圆【C】命令，捕捉中线下部端点，绘制半径为20mm的圆（见图7-91）。

② 绘制连接底部。使用直线【L】命令，捕捉小圆

图7-88　吊灯为室内照明提供独特魅力

图7-89　吊灯立面图绘制

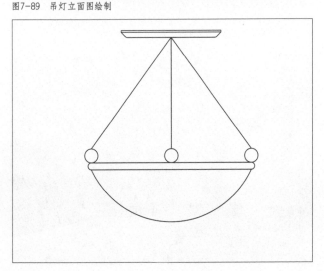

图7-90　绘制吊灯顶部结构（单位：mm）

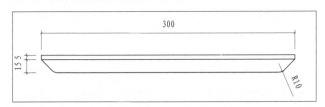

图7-91　绘制连吊灯连接结构（单位：mm）

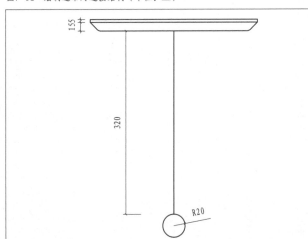

图7-92　绘制吊灯下部连接件（单位：mm）

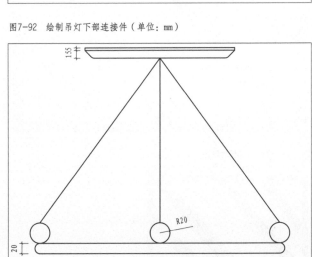

下部象限点，绘制水平长度为480mm的线段；使用偏移【O】命令，选择线段向下偏移20mm；使用圆角【F】命令，单击左右线段两端，形成180°圆角。

③ 连接结构。使用复制【CO】命令，复制小圆放左右两端。使用直线【L】命令过象限点绘制连线（见图7-92）。

（3）吊灯下部结构

使用圆弧【A】命令,采用三点画弧法，捕捉左端点，第二点利用极轴追踪功能捕捉下边线中点，输入距离150mm，捕捉右端点，完成弧形绘制（见图7-93）。

至此，完成吊灯立面图形绘制，按Ctrl+S组合键进行保存。使用写块【W】命令，将绘制好的图形保存成图块，以便以后绘图时使用。

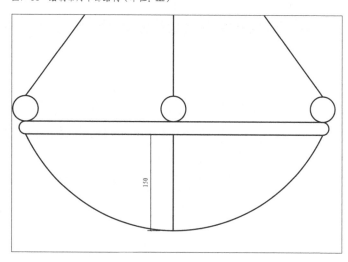

图7-93　绘制吊灯下部结构（单位：mm）

思考与延伸

1. 如何设置样本文件？样板文件对制图有何作用？

2. 室内设计家具图块绘制时应注意什么特点？

3. 使用"圆角"命令时，如果多个直角共用一条直线如何处理？

4. 室内常用图块绘制对于设计有什么作用？

第 8 章　居室空间施工图绘制

　　居室是人类家庭生活的重要场所，在人类生存和发展中发挥着重要的作用。本章通过居室空间中的小户型项目实例讲解如何利用AutoCAD2019软件绘制居室类室内设计施工图。通过学习小户型原始建筑平面图、平面布置图、地面铺装图、顶棚平面图、立面图的绘制，提高读者使用AutoCAD软件准确快速地绘制图纸的能力和设计居室空间的能力。

8.1　居室空间室内设计分析

　　居室空间是在建筑成果的基础上进一步深化、完善的室内空间环境，通过室内设计可以使住宅在满足常规使用功能的同时，更适合特定住户的物质要求和精神需求（见图8-1和图8-2）。

8.1.1　居室空间的功能分析

　　为了给家庭各项活动提供场所，保证日常生活健康、有序地进行，室内设计应当处理好艺术形态与功能性的结合，这是最基本的问题（见图8-3）。按照空间使用情况，居室设计中的功能空间主要分为公共空间、私

图8-2　新中式风格设计空间装饰简洁，空间形态内敛、质朴

图8-1　欧式新古典设计注重装饰效果，空间形态轻盈优美

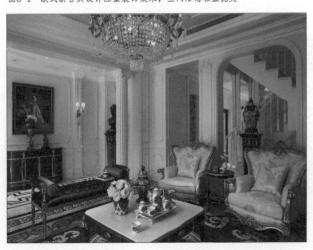

图8-3　室内设计最基本的问题是艺术形态与功能性的结合

密空间和生活服务空间（见图8-4）。设计时需合理安排空间布局及室内装饰陈设，使居住者获得舒适愉悦的心理感受（见图8-5）。

8.1.2 项目分析

本章采用的设计案例是单元式多层住宅楼中的一个一室一厅的普通住宅（见图8-6），层高 2.8m。业主对于居室设计的要求为简洁大方，布局合理，实用性强。设计方案力图营造一个简洁明快、经济适用、空间布局与使用功能合理结合、有现代感的室内空间，以满足业主的需求。

图8-4 居室设计中的功能空间主要分为公共空间、私密空间和生活服务空间

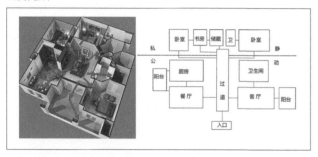

图8-5 居室设计中巧妙对空间进行布局，使空间气韵生动

图8-6 设计案例为普通小户型住宅（单位：mm）

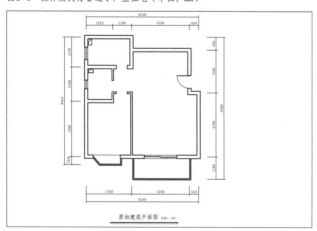

8.2 绘制小户型原始建筑平面图

居室设计的建筑平面图绘制，一般先建立房间的开间和进深轴线，然后根据轴线绘制墙体，再创建门窗、阳台、飘窗等造型，最后标注尺寸与文字注释，完成建筑平面图绘制（见图8-7）。

8.2.1 绘制轴网

（1）新建样板文件

使用新建【Ctrl+N】命令，选择"室内设计施工图模版"文件，新建样板图形（见图8-8）。

图8-7 居室设计的建筑平面图（单位：mm）

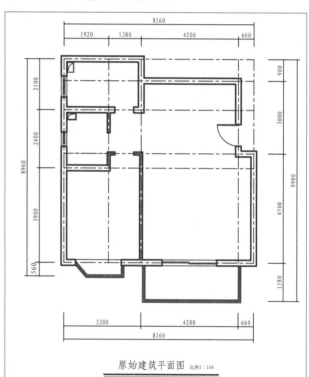

图8-8 新建样板文件

（2）保存文件

使用保存【Ctrl+S】命令保存文件，文件命名"小户型室内设计施工图"。

（3）设置图层

使用图层【LA】命令，打开"图层特性管理器"对话框，选择"轴线"图层为当前图层（见图8-9），确定后回到绘图状态。

（4）绘制轴网

① 绘制水平、竖直轴线。使用直线【L】命令，在绘图区适当位置设置直线的初始点，绘制两条互相垂直的轴线，长8160mm，宽8400mm（见图8-10）。

② 绘制轴网。使用偏移【O】命令，按尺寸要求绘制横向与竖向轴线，完成轴网绘制（见图8-11）。

③ 调整线型。轴线为点划线，如果设置轴线不显示线型，可以通过调整比例因子得到合适显示比例。选择

功能区"特性"工具板，点击"线型"命令，打开"线型管理器"对话框；单击右上角"显示细节"按钮，线型管理器下部呈现详细信息，将"全局比例因子"设为30，点划线的样式就能在屏幕（见图8-12）。"全局比例因子"设置可以根据实际显示需要进行调整。

图8-9 设置"轴线"图层为当前图层

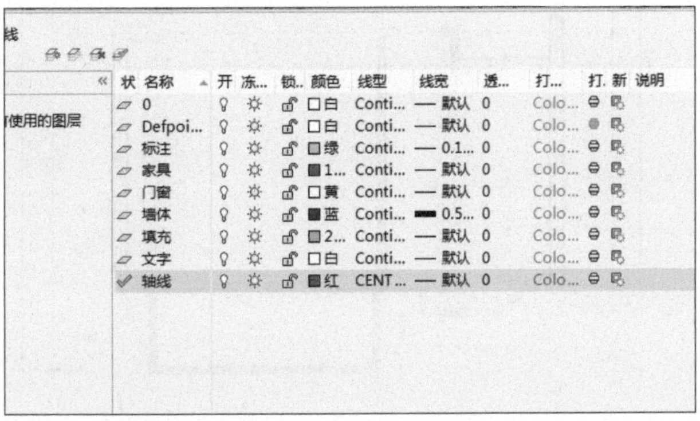

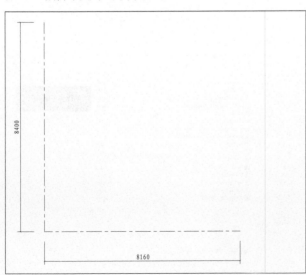

图8-10 绘制水平竖直轴线（单位：mm）

图8-11 绘制轴网（单位：mm）

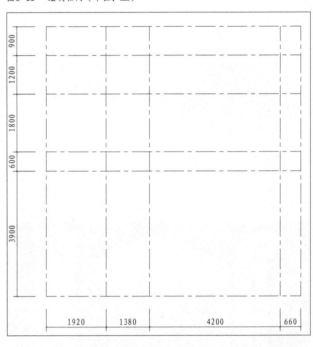

图8-12 设置"全局比例因子"

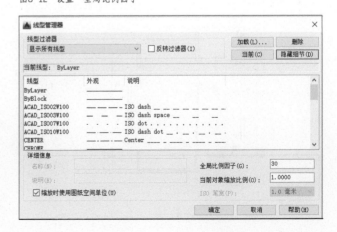

8.2.2　绘制墙体

本户型的墙体厚度，外墙为 240mm、部分内部隔墙为 120mm，根据结构的具体情况绘制。

（1）设置图层

使用图层【LA】命令，打开"图层特性管理器"对话框，选择"墙体"图层为当前图层，确定后回到绘图状态。

（2）绘制主要墙体

使用多线【ML】命令，设置对正为（Z），比例为 240，根据结构与尺寸绘制主要墙体。

（3）绘制部分内墙

使用多线【ML】命令，设置对正为（Z），比例为 120，根据结构与尺寸绘制部分内墙（见图8-13）。

（4）修剪墙体

绘制完成墙体的交接处还没有完全衔接，要进行修改。使用分解【X】命令分解墙体，使用修剪【TR】命令修改墙体，墙体图形部分绘制完毕（见图8-14）。

8.2.3　绘制门窗、阳台等结构

（1）绘制门洞和窗洞

绘制门洞和窗洞洞口时，常以临近的墙线或轴线作为距离参照来帮助确定洞口位置。

① 设置图层。使用图层【LA】命令，打开"图层特性管理器"对话框，选择"门窗"图层为当前图层，确定后回到绘图状态。

小贴士

» 修剪墙体时也可以使用多线【ML】命令来编辑多线。但最后绘制门窗时，仍需要分解成单根直线，建议直接分解修改。

» 如果绘制墙体时轴线不在中间，使用多线【ML】命令设置对正为（Z）即可。

» 绘制门洞和窗洞洞口时，常以门窗临近的墙线或轴线作为距离参照来帮助确定洞口位置。

图8-13　根据结构与尺寸绘制墙体（单位：mm）

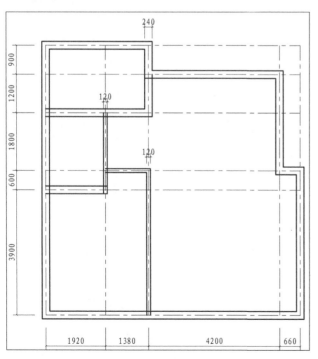

图8-14　修改墙体

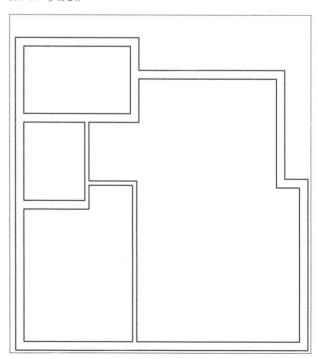

② 绘制进户门门洞。进户门洞口宽900mm，是空间主要的门造型。使用偏移【O】命令，选择进户门下边内侧墙边线，偏移量依次为200mm、900mm。使用延伸【EX】命令，将它们的下端延伸至墙线中。

③ 修剪图形。使用修剪【TR】命令，修剪图形多余线段，门洞口绘制完成（见图8-15）。

④ 根据尺寸，使用同样的方法绘制其他的门洞和窗洞（见图8-16）。

（2）阳台、飘窗绘制

绘制客厅的阳台和卧室的飘窗。使用多段线【PL】命令、偏移【O】命令、直线【L】命令、修剪【TR】命令根据尺寸进行绘制（见图8-17）。

（3）门窗绘制

① 绘制进户门。进户门绘制可利用本书第4章已绘制的尺寸为1000mm的"门"图块直接插入使用。使用插入【I】命令并给出相应的比例缩放（见图8-18），放置到进户门处。

② 调整门开启方向。放置时需注意门的开启方向，若方向不对，可以使用镜像【MI】命令和旋转【RO】命令方向调整；如不利用图块，可以直接按尺寸绘制。

③ 其余门绘制方法一样，这里不再一一讲述。

④ 推拉移门和窗户绘制比较简单，根据尺寸绘制即可（见图8-19）。

图8-15 绘制进户门门洞（单位：mm）

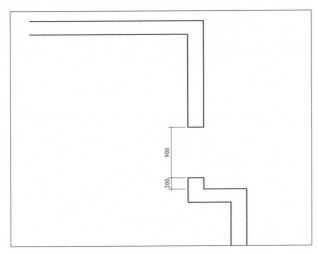

图8-16 绘制其他的门洞和窗洞（单位：mm）

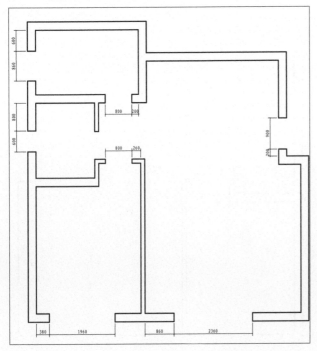

图8-17 绘制阳台和卧室的飘窗（单位：mm）

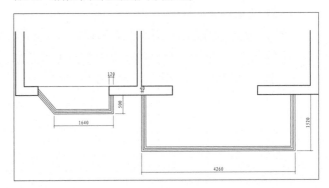

图8-18 绘制进户门

图8-19 绘制推拉移门和窗户（单位：mm）

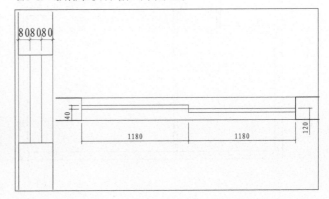

（4）绘制管道

① 绘制厨房管道。捕捉厨房内墙右上角点，使用矩形【REC】命令绘制矩形，尺寸300mm×450mm；使用偏移【O】命令，选择矩形向内偏移30mm，形成管道内轮廓；使用直线【L】命令绘制管道折线，表示管道空洞。

② 绘制卫生间管道。捕捉卫生间右上角点，使用矩形【REC】命令绘制矩形，尺寸400mm×300mm；使用偏移【O】命令，选择矩形向内偏移30mm，形成管道内轮廓；使用直线【L】命令绘制管道折线，表示管道空洞（见图8-20）。

8.2.4　尺寸标注

（1）设置图层

使用图层【LA】命令，打开"图层特性管理器"对话框，选择"标注"图层为当前图层，确定后回到绘图状态。

（2）设置标注样式的比例

标注样式的设置应该与绘图比例相匹配。该平面图以实际尺寸绘制，并以1:100的比例输出，因此对标注样式的比例需进行调整，设置注释比例为1:100（见图8-21）。

（3）标注尺寸

使用线性标注【DLI】命令与连续标注【DCO】命令对原始建筑平面结构进行尺寸标注（见图8-22）。

图8-20　绘制厨房与卫生间管道（单位：mm）

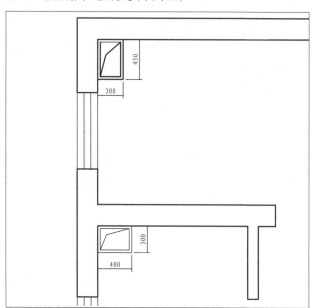

图8-21　标注样式的设置应该与绘图比例相匹配

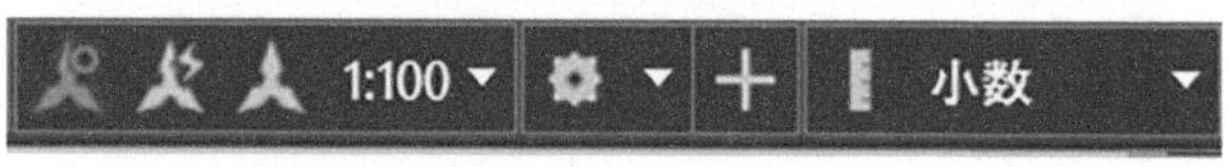

8.2.5　文字说明标注

（1）设置图层

使用图层【LA】命令，打开"图层特性管理器"对话框，选择"文字"图层为当前图层，确定后回到绘图状态。

（2）绘制图名文字

使用多行文字【T】命令，设置文字样式为"图名"，在图形下方输入文字"原始建筑平面图"；设置文字样式为"图内文字"，在图名右侧标注比例"1:100"（见图8-23）。

（3）绘制图名线

使用多段线【PL】命令，设置多段线宽度为 100mm，绘制图名粗线，设置多段线宽度为 0.25mm，绘制图名细线。

至此，小户型原始建筑平面图绘制完成，按Ctrl+S组合键进行保存。

图8-22　使用线性标注【DLI】、连续标注【DCO】标注命令对墙体尺寸进行标注（单位：mm）

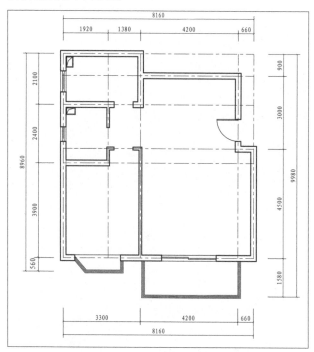

图8-23　文字说明标注

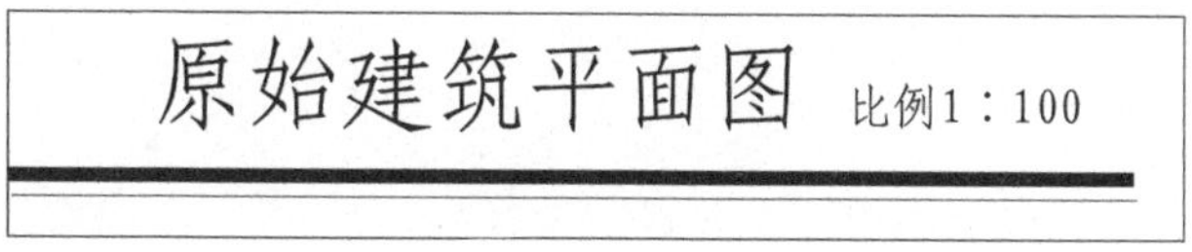

8.3 绘制小户型平面布置图

平面布置图是室内设计施工图纸中的关键性图纸。它是在原建筑结构的基础上，通过合理地空间布局与陈设设计，达到功能与艺术完美结合的效果（见图8-24和图8-25）。本部分在建筑平面图的基础上，介绍平面布置图的绘制方法和技巧。按照入门空间顺序依次绘制门厅、客厅、餐厅、卧室、厨房、卫生间和阳台的等空间的平面布局，标注尺寸和文字说明（见图8-26）。

8.3.1 绘制玄关的平面布置

玄关，原义指大门，现多指进入户内的入口空间。玄关主要的使用功能是供人们进出家门时在这里更衣、换鞋以及整理装束；玄关起到遮挡视线的作用，同时可以增强空间艺术效果（见图8-27）。本案例户型面积有限，玄关仅为一个过渡性空间，设置鞋柜一个。

绘制鞋柜的方法如下。

捕捉门边墙体结构右下角点，使用矩形【REC】命令绘制尺寸为800mm×350mm的矩形，使用偏移【O】命令选择矩形向内偏移20mm。使用直线【L】命令绘制对角线段，鞋柜绘制完成（见图8-28）。

图8-24 住宅空间布局合理，陈设舒适温馨，功能与艺术结合较好

图8-25 新中式风格设计简洁大方，舒适雅致

图8-26 绘制小户型平面布置图（单位：mm）

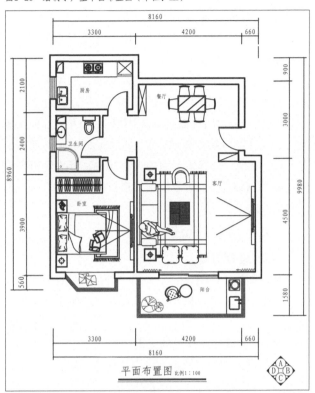

图8-27 玄关空间满足日常进出需求，兼具收纳功能，美观实用

图8-28 小户型玄关设计（单位：mm）

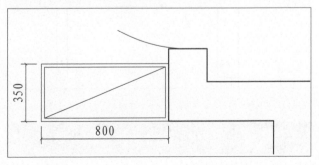

8.3.2 绘制客厅平面布置图

客厅是家庭成员主要的活动区域，也是体现居室空间效果的主要场所。客厅以会客、娱乐为主，需安排沙发、茶几、电视设备及柜子（见图8-29）。本案例客厅面积较小，考虑实用性布置沙发组合，简约电视柜组合。

布置沙发和电视组合图块的方法如下。

使用打开【Ctrl+O】命令打开本书提供的"素材\第8章\居室家具图例.dwg"文件，选择沙发组合，电视柜组合图块，使用复制【Ctrl+C】命令进行复制，切换至小户型设计施工图绘制窗口，使用粘贴【Ctrl+V】命令将复制的图块放入平面布置图客厅的合适位置（见图8-30）。

8.3.3 绘制餐厅平面布置图

餐厅是一个吃饭的场所，但是很多家庭会把餐厅设计成一个既能用餐也能供家人、朋友聚会的地方。餐厅里的必备家具是餐桌和椅子，根据具体情况还可设置酒柜、吧台、餐边柜等设施（见图8-31）。本案例餐厅空间比较小，只设置餐桌餐椅和餐边柜（见图8-32）。

布置餐桌椅与餐边柜的方法如下。

使用打开【Ctrl+O】命令打开本书提供的"素材\第8章\居室家具图例.dwg"文件。选择餐桌餐椅组合，复制，粘贴到平面布置图餐厅的就餐区。

绘制餐边柜。使用矩形【REC】命令绘制长宽尺寸为300mm×1202mm的矩形。使用直线【L】命令绘制交叉斜线，餐边柜绘制完成（见图8-33）。

图8-29 客厅采光充足，界面设计简洁，实用又富有装饰感的家具与沉稳的色彩共同营造出优雅的氛围

图8-30 案例客厅设计

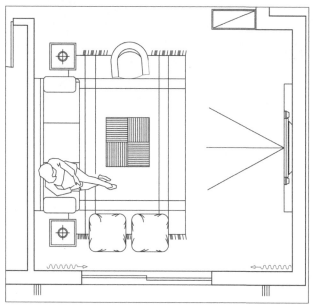

图8-31 餐厅色彩明亮，布局合理，营造精致简约的用餐空间

图8-32 案例餐厅合计

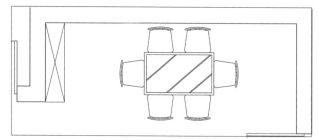

图8-33 根据尺寸绘制餐边柜（单位：mm）

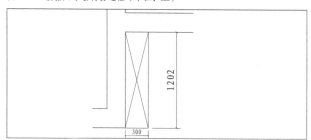

8.3.4　绘制卧室平面布置图

卧室是睡眠休息的主要场所，兼有学习、梳妆和处理个人其他事务的功能。有的住宅在卧室的邻近位置设置单独的卫生间、衣帽间等，以方便主人进行较私密的活动（见图8-34）。在本案例中，根据业主需要布置双人床和衣柜，双人床的对面墙面处设计壁挂电视，飘窗做休闲空间处理（见图8-35）。

（1）绘制衣柜

使用矩形【REC】命令绘制矩形，尺寸为1860mm×600mm；使用偏移【O】命令选择矩形向内偏移20mm；使用直线【L】命令捕捉矩形左右中点绘制中线；使用偏移【O】命令选择中线向上偏移25mm，衣柜绘制完成。打开本书提供的"素材\第8章\居室家具图例.dwg"文件，选择衣架图块，复制、粘贴到衣柜位置（见图8-36）。

（2）布置床及电视图块

使用打开【Ctrl+O】命令打开本书提供的"素材\第8章\居室家具图例.dwg"文件，选择双人床、电视机、抱枕图块，复制、粘贴到平面布置图卧室中合适的位置。

8.3.5　绘制厨房平面布置图

厨房是加工食物和储藏食物的空间，厨房的布局通常围绕三个工作中心分成三个区域：冰箱与储存区域、洗涤区域、烹饪区域。此外，厨房还需要有流畅、合理的动线设计（见图8-37）。本案例的厨房设计中，根据建筑结构在左侧布置操作平台和洗涤槽，右侧留出一个冰箱的位置，中间放置抽油烟机和燃气灶（见图8-38）。

图8-34　线条简洁的家具，富有质感的饰品，木色设计赋予卧室空间个性和宁静

图8-35　案例卧室设计

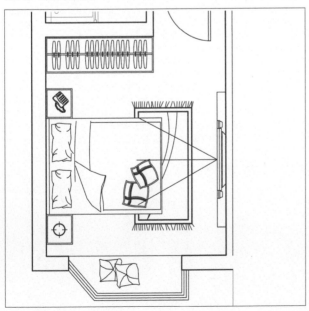

图8-36　根据尺寸绘制衣柜（单位：mm）

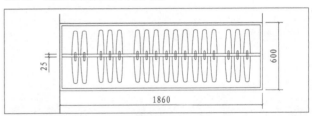

图8-37　厨房功能多样，动线流畅，体现明亮、舒适的空间效果

图8-38　案例厨房设计功能布局合理

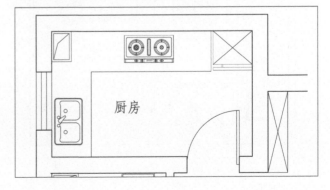

（1）绘制案台

使用多段线【PL】命令，以厨房内墙右下角点作为第一个点，向右输入尺寸600mm，向上输入尺寸1260mm，向右输入尺寸1830mm，案台绘制完成（见图8-39）。

（2）插入厨房图块

使用打开【Ctrl+O】命令打开本书提供的"素材\第8章\居室家具图例.dwg"文件，选择洗涤槽、燃气灶、冰箱等图块，复制、粘贴到厨房合适的位置。

8.3.6　绘制卫生间平面布置图

卫生间是大小便、洗浴的主要场所，有时人们还在卫生间内洗衣服。应结合给水、排水的实际情况来进行洗脸盆、坐便器、洗浴设备的选用和布置（见图8-40）。本案例的卫生间设计中，合理利用空间，布置淋浴房、洗脸盆、坐便器和洗衣机（见图8-41）。

布置卫生间图块的方法如下。

使用打开【Ctrl+O】命令打开本书提供的"素材\第8章\居室家具图例.dwg"文件，选择淋浴房、洗脸盆、坐便器等图块，复制、粘贴到卫生间合适的位置。

图8-39　绘制案台（单位：mm）

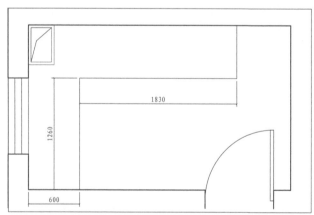

图8-40　根据建筑特征，所有功能沿墙面设置；同色调的石材贴面，使卫生间效果统一

8.3.7　绘制过道结构

过道是供居住者在各个空间之间转换之用，一般分为实体过道与开放式过道两种。设计过道应尽量避免狭长感和沉闷感（见图8-42）。本案例中的过道简洁，视觉感觉比较单调，因此借助造型来打破这种格局,在客厅与餐厅中间过道处加设简洁隔断，增加空间丰富性，同时遮挡卫生间门（见图8-43）。

绘制隔断的方法如下。

使用矩形【REC】命令，捕捉客厅左边墙右上角点，绘制尺寸为30mm×600mm的矩形。

图8-41　卫生间设计根据实际需要布置淋浴房、洗脸盆、坐便器和洗衣机

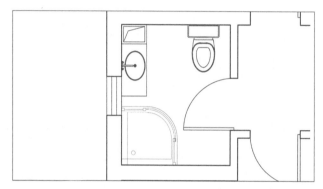

图8-42　深色木隔断组合，塑造了空间形态，丰富了空间层次

图8-43　案例过道设计了简洁造型的隔断，既增加空间丰富性也遮挡卫生间结构（单位：mm）

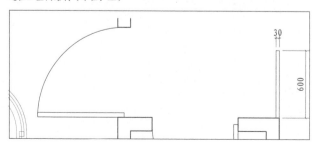

8.3.8 绘制阳台

阳台一般分为生活阳台和服务阳台。生活阳台与客厅、卧室接近，需要供观景、休闲之用；服务阳台与厨房、餐厅接近，主要供家务活动、晾晒之用。可以视具体情况和要求设置相关设备、布置绿化（见图8-44）。本案例的阳台设计中，设计休闲桌椅和植物，添加生活情趣，同时利用阳台空间设置洗衣机与水池，使阳台的功能得到发挥。

（1）绘制地台

使用REC【矩形】命令，捕捉阳台右下内墙角点，绘制尺寸600mm×1400mm的矩形，该范围表示地台。

（2）布置阳台图块

使用打开【Ctrl+O】命令，打开本书提供的"素材\第8章\居室家具图例.dwg"文件，选择绿化植物、休闲桌椅、洗衣机等图块，复制、粘贴到阳台合适位置（见图8-45）。

8.3.9 绘制文字标注

文字标注可以弥补尺寸标注的不足，为图纸做进一步的设计说明。

使用多行文字【T】命令，在绘图区中指定文字输入区域的对角点；在弹出的在位编辑框中输入文字标注"客厅"（见图8-46），在"文字格式"工具栏中单击"确定"按钮，即可完成文字标注的操作。重复操作，绘制其他区域的文字标注。

图8-44 阳台设置休闲桌椅与绿植，空间惬意舒适

8.3.10 标注室内立面索引符号

使用打开【Ctrl+O】命令打开本书提供的"素材\第8章\居室家具图例.dwg"文件，选择室内立面索引符号图块，复制、粘贴到平面布置图合适的位置。在操作过程中，若符号方向不符，则使用旋转【RO】命令纠正；若标号不符，则将图块分解，然后编辑文字（见图8-47）。

至此小户型平面布置图绘制完成，按Ctrl+S组合键进行保存。

小贴士

» 在选择插入点时，有时利用"对象捕捉"功能很方便，而在有的地方感觉不方便，所以不必拘于用或不用。在上面插入洗涤盆和燃气灶时，打开"对象捕捉"功能反而不便定位，可以将它关闭。

图8-45 案例阳台设计

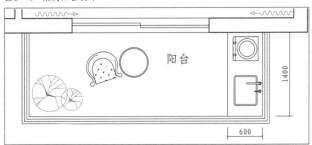

图8-46 使用多行文字【T】命令绘制文字标注

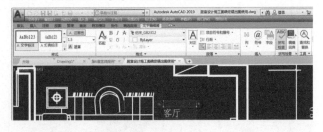

图8-47 插入室内立面索引符号（单位：mm）

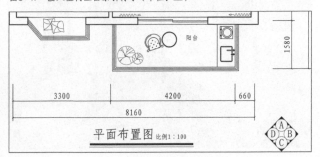

8.4 绘制小户型地面铺装图

地面铺装图的绘制，主要是对地面材料和规格进行绘制及说明，通过在不同区域填充对应的图案来标示不同的地面材料。居室地面装修材料一般为地砖、实木地板和复合地板等（见图8-48）。本案例中地面铺装简洁，客厅、餐厅和过道铺设800mm×800mm玻化砖；卫生间、厨房和阳台铺设300mm×300mm防滑砖；卧室铺设强化复合木地板（见图8-49）。

（1）设置图层

使用图层【LA】命令，将"填充"图层设置为当前图层。

图8-48 客厅地面的材质、色彩与室内家具相得益彰，表现温馨优雅的室内氛围

图8-49 案例地面铺装材料设计（单位：mm）

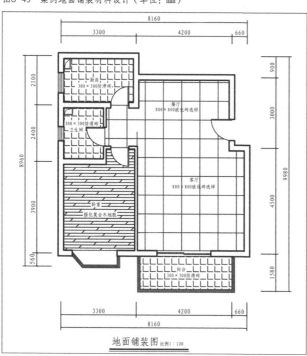

（2）整理地面图形

使用复制【CO】命令，将平面布置图复制一份到平面布置图旁边空白处，删除其中家具、植物等内容；使用直线【L】命令，在门窗洞处绘制直线封闭图形。

（3）客厅、餐厅、走道设置玻化砖材料

使用图案填充【H】命令填充玻化砖图案。填充参数为：用户定义"USER"，"双"，间距800，（见图8-50）。

（4）卧室设置强化复合木地板材料

使用图案填充【H】命令填充木地板图案。填充参数为：图案"DOLMIT"，比例20（见图8-51）。

（5）厨房、卫生间、阳台设置防滑砖材料

使用图案填充【H】命令，填充防滑砖图案。填充参数为：图案"ANGLE"，比例45（见图8-52）。

图8-50 客厅、餐厅、走道设置玻化砖

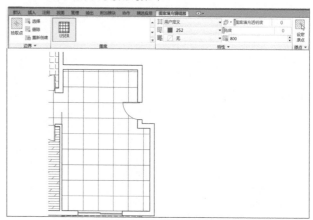

图8-51 卧室设置强化复合木地板

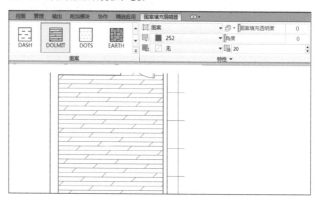

图8-52 厨房、卫生间、阳台设置防滑砖

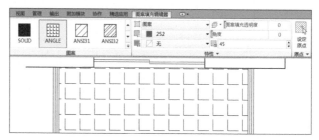

（6）绘制文字标注

使用多行文字【T】命令完成文字标注。

至此小户型地面铺装图绘制完成，按Ctrl+S组合键进行保存。

图8-53　顶棚的设计直接影响空间整体特点和氛围

图8-54　顶棚的设计应注重和整体的协调统一，美观实用

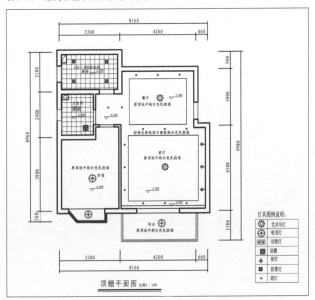

图8-55　案例顶棚平面图设计（单位：mm）

8.5　绘制小户型顶棚平面图

顶棚平面图主要用于说明室内顶棚造型设计、灯具和其他相关电器布置。顶棚的设计直接影响空间整体特点和氛围，要围绕整体风格，注重和墙面、地面的协调统一，同时要美观实用（见图8-53和图8-54）。本案例中客厅、餐厅和过道采用纸面石膏板制作局部吊顶；卫生间和厨房设计300mm×300mm铝扣板吊顶；卧室和阳台不做吊顶，采用乳胶漆材质，以保持空间高度，避免压抑感。客厅与餐厅布置吊灯、射灯；厨房、阳台布置吸顶灯；卫生间布置吸顶灯与浴霸灯（见图8-55）。

8.5.1　整理顶棚平面图

使用复制【CO】命令，将地面铺装图复制一份到图形空白处，删除其中填充内容；使用直线【L】命令绘制直线封闭墙体的洞口（见图8-56）。

8.5.2　绘制顶部造型

（1）客厅、餐厅、过道部分顶面造型

① 绘制客厅顶部结构。使用偏移【O】命令将客厅内侧墙体线根据尺寸依次向内偏移400mm，上边墙体偏移后使用夹点工具拉长；使用倒角【CHA】命令将偏移出来的四条线段修剪成直角。

② 绘制客厅预留窗帘盒。一般阳台窗帘盒要预留150mm宽度，使用偏移【O】命令将客厅南边内墙线向内偏移150mm。

图8-56　绘制顶部结构（单位：mm）

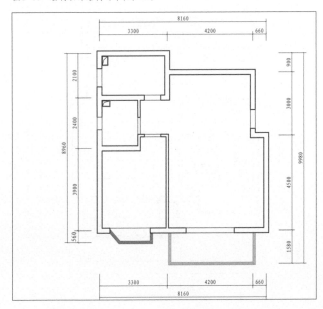

③用同样方法绘制餐厅部分顶面造型（见图8-57）

（2）绘制卫生间顶面造型

使用图案填充【H】命令填充卫生间铝扣板材质。填充参数为：图案"NET"，比例80（见图8-58）；用同样方法填充厨房顶面材质。

（3）卧室和阳台部分

卧室和阳台顶棚不设吊顶，原顶面批平刷乳胶漆。

8.5.3 布置灯具

灯具的布置是通过已创建的灯具图例来完成的。打开"素材\第8章\居室家具图例.dwg"文件，选择吊灯、筒灯、射灯、吸顶灯等灯具图例，复制、粘贴到顶棚平面图相应区域中（见图8-59）。

8.5.4 绘制灯具图例说明

由于灯具较多，又有重复性，在图纸上做文字标注显得烦琐，可以用表格单独表示，更清晰明了。使用插入表格【TB】命令绘制8行2列的图表，将灯具图例置入表格中，输入对应的文字说明（见图8-60）。

8.5.5 绘制标高符号

使用打开【Ctrl+O】命令打开本书提供的"素材\第8章\居室家具图例.dwg"文件，选择室内标高符号图块，复制、粘贴到顶棚平面图合适的位置，根据高度修改标高数字。客厅、餐厅和过道有吊顶结构部分标高为2.600m，无吊顶结构部分为2.800m。卧室为2.800m，厨房为2.600m，卫生间为2.600m，阳台为2.800m。

8.5.6 进行文字和图名注释

将"文字"图层设置为当前图层，使用多行文本

【T】命令，注释顶面材料与材料规格。使用编辑文字【ED】命令或用鼠标左键双击图名，修改图名为"顶棚平面图"。

至此，小户型的顶棚平面图绘制完成，按Ctrl+S组合键进行保存。

图8-58 绘制厨房、卫生间顶面造型

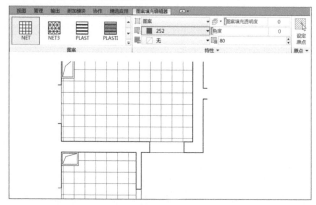

图8-59 灯具图例放置到顶棚平面图相应区域中

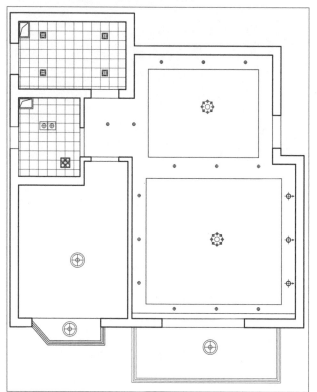

图8-60 绘制灯具图例说明

图8-57 绘制客厅、餐厅部分顶面造型（单位：mm）

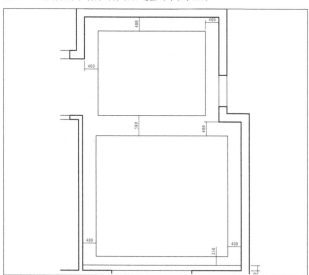

8.6　绘制小户型立面图

8.6.1　设计分析

　　室内施工立面图主要表明墙面装饰的式样及材料、位置尺寸，墙面与门、窗、隔断的高度尺寸，墙与顶、地的衔接方式等。室内设计效果是否美观，很大程度上取决于它在主要立面上的艺术处理与装饰表达（见图8-61）。通常一个房间有四个朝向，立面图可根据房屋的标识来命名，如A立面、B立面、C立面、D立面等。

　　本部分主要绘制客厅D立面图，绘制墙体立面构造，同时绘制沙发组合和墙面装饰品，整体立面造型简洁（见图8-62）。

图8-61　立面的艺术处理与装饰表达决定室内设计效果是否美观

图8-62　绘制客厅D立面图（单位：mm）

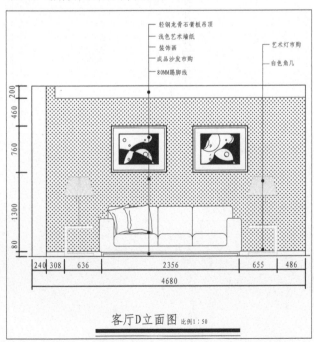

8.6.2　绘制客厅D立面图

（1）设置图层

　　使用图层【LA】命令，新建"立面"图层并设置为当前图层。

（2）整理图形

　　使用复制【CO】命令，复制客厅的C平面部分到一旁，使用旋转【RO】命令旋转-90°，整理图形。

（3）绘制外框墙体

　　利用正投影法原理，使用直线【L】命令，沿截面图向下绘制长度为4500mm直线；使用直线【L】命令，过左右端点绘制水平线；使用偏移【O】命令，按照该户型层高将下边线向上偏移2800mm（见图8-63）。

图8-63　绘制外框墙体（单位：mm）

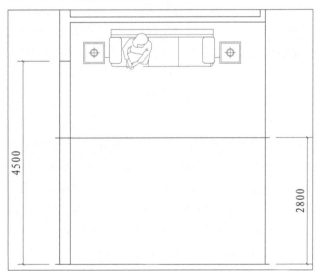

图8-64　绘制踢脚线和天花线（单位：mm）

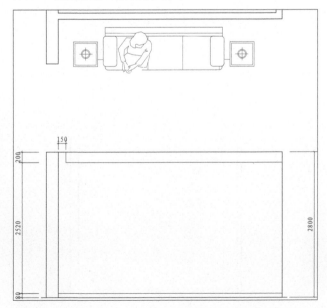

（4）绘制踢脚线和天花线

使用偏移【O】命令将上边线向下偏移200mm，下边线向上偏移80mm，绘制天花线和踢脚线；使用修剪【TR】命令修剪多余线段，得到墙体立面图形（见图8-64）。

（5）布置立面家具

使用打开【Ctrl+O】命令，打开本书提供的"素材\第8章\居室家具图例.dwg"文件，选择立面沙发、装饰画、角几、台灯图块，复制、粘贴至客厅立面图中合适的位置（见图8-65）。

（6）绘制墙面壁纸图案

使用图案填充【H】命令填充壁纸图案。填充参数为：图案"CROSS"，比例5（见图8-66）。

（7）绘制尺寸标注。

使用图层【LA】命令，将"标注"图层设置为当前图层，使用线性标注命令和连续标注命令对图形进行标注。

（8）绘制文字说明

使用图层【LA】命令，将"文字"图层设为当前图层，使用多重引线【MLD】命令，绘制文字说明，使用多行文字【T】命令创建图名文字及比例。

至此客厅D立面图绘制完毕，按【Ctrl+S】组合键进行保存。

图8-65 布置立面家具

图8-66 绘制墙面壁纸图案

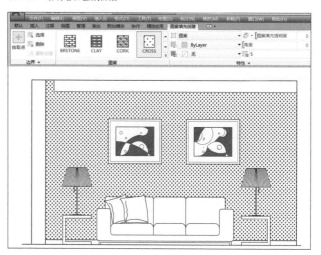

思考与延伸

1. 如何理解居室设计中的功能空间？
2. 居室设计的建筑平面图绘制顺序有哪些？
3. 绘制居室设计平面布置图要求有哪些？对设计有何启发？
4. 居室设计立面图主要绘制哪些方面？

第 9 章　商业空间施工图绘制

人类的商业活动促进了商业性空间的形成和发展，也是室内设计重要的部分之一。本章采用小型专卖店设计项目实例讲解如何利用AutoCAD2019绘制商业空间的室内设计施工图。通过学习专卖店平面布置图、地面铺装图、顶棚平面图、立面图的绘制，进一步强化读者室内设计AutoCAD图纸的绘制能力和空间设计能力。

9.1　商业空间室内设计分析

9.1.1　商业空间的功能分析

商业空间以商品的陈列展示为主，以促进商品销售为目的，还包括有关产品本身以及附加信息的传达。不同的商业空间类型在功能的设置上会有较大的差异，但从其空间与服务性质的关系上来看，一般均可在空间功能上分为营业空间和服务空间。

零售商店的营业空间通常由引导区和展示区组成。外立面、入口及展示橱窗等通常被视为引导区（见图9-1）；展示区则主要由展示设施、展品等构成（见图9-2）；服务空间包括收银台、顾客休息区、试衣间、储藏室、内部的管理办公室等空间类型（见图9-3）。

图9-2　展示区主要由展示设施如货架、展品、展示道具等构成

图9-1　零售商店外立面、入口及展示橱窗等通常被视为引导区

图9-3　服务性的区域包括收银台、顾客休息区、试衣间等

餐饮业的营业空间包括入口引导区、接待等候区、就餐客席（散席及包房）等；服务空间包括收银台、衣帽间、卫生间、休息区、厨房、储藏室等空间类型（见图9-4）。

休闲娱乐业营业空间一般包括入口引导区、接待等候区、主要服务区、贵宾房（见图9-5）等；服务空间包括收银台、衣帽间、化妆间、卫生间、储藏室、设备区等空间类型。

随着社会的发展，具有展示性、服务性、娱乐性、文化性和科技特征的商业空间带给我们更好的生活体验。商业空间的设计也逐步呈现出人性化、人文化的趋势，商业空间不仅仅展示和呈现物质的表达，更在空间中展现科技、艺术与文化的完美融合。

9.1.2　案例分析

本章中的设计案例为小型服饰专卖店，专卖店作为商业空间的一种空间类型，具有定位明确，针对性强，设计新颖别致，独具风格的特色（见图9-6）。

设计案例面积约128㎡，层高 2.95m，梁高200mm（见图9-7）。根据品牌的特色与消费需求，要求设计空间布局合理，简洁大方，体现品牌个性。本方案经过现场测量，业主沟通，力图营造一个简洁时尚、经济适用、空间布局与使用功能结合合理，整体效果时尚、优雅的室内空间，以满足业主的需求。

图9-4　餐饮业的就餐客席及提供辅助服务的休息区

图9-5　KTV贵宾房设计

图9-6　女装专卖店设计新颖别致、独具风格

图9-7　设计案例原始建筑平面图（单位：mm）

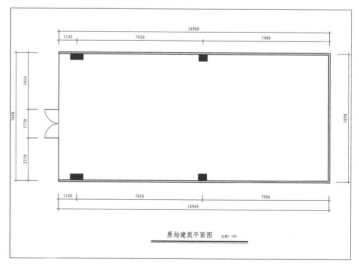

原始建筑平面图

9.2 绘制专卖店原始建筑平面图

设计师在绘制服饰专卖店原始建筑平面图时，可以首先调用已设置好的样板文件；根据结构尺寸要求绘制轴网对象，设置多线样式绘制墙体，按尺寸绘制柱子；根据图形的要求绘制玻璃隔墙与门；最后对其进行文字注释及标注尺寸，绘制图名、比例等内容。

9.2.1 绘制轴网

（1）新建样板文件

使用新建【Ctrl+N】命令，选择"室内设计施工图模板"文件，新建样板图形。

（2）保存文件

使用保存【Ctrl+S】命令保存文件，文件命名"专卖店室内设计施工图"。

（3）设置图层

使用图层【LA】命令，打开"图层特性管理器"对话框，选择"轴线"图层为当前图层，确定后回到绘图状态。

（4）绘制轴网

① 绘制水平、竖直轴线。使用直线【L】命令，在绘图区左下角适当位置绘制两条互相垂直的轴线，水平长度为16960mm，竖直长度为7690mm。

② 绘制轴网。使用偏移【O】命令，选择竖直直线，以此向右偏移1140mm、7920mm、7900mm；选择水平直线，向上偏移7690mm，完成轴网绘制（见图9-8）。

③ 调整线型。绘制轴线的线性不可见，选择功能区"特性"工具板，点击"线型"命令，选择"其他"，打开"线型管理器"对话框，单击右上角"显示细节"按钮，将全局比例因子设为100，点划线的样式就能在屏幕上显示出来。全局比例因子设置可以根据实际显示需要进行调整。

图9-8 绘制原始建筑平面图轴网（单位：mm）

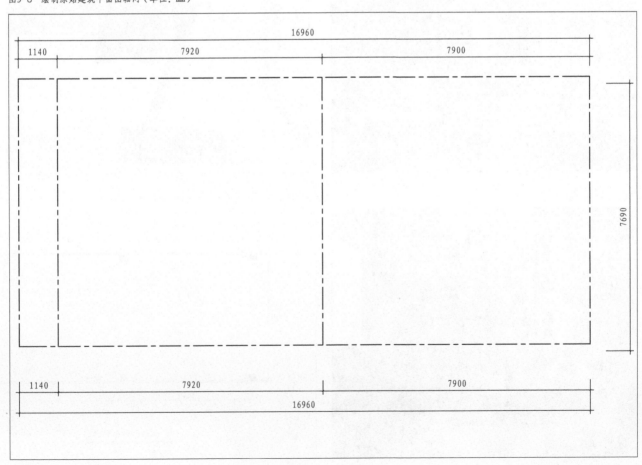

9.2.2　绘制墙体与柱子结构

本案例中的墙体仅作为分割、围护使用，墙体厚度为100mm，玻璃隔墙厚度为12mm，根据具体结构情况绘制。

（1）设置图层

使用图层【LA】命令，打开"图层特性管理器"对话框，选择"墙体"图层为当前图层，确定后回到绘图状态。

（2）绘制主要墙体

使用多线【ML】命令，设置对正为（Z），比例为100，根据结构与尺寸绘制主要墙体。

（3）修剪墙体

绘制完成的墙体如果出现问题要进行修改，可以使用分解【X】命令分解墙体；使用修剪【TR】命令修改墙体。

（4）绘制柱子

柱子在工程结构中主要承受压力，用以支承梁、桁架、楼板等结构，柱子原则上不得进行拆除及结构上的处理。本案例的结构柱子主要有800mm×350mm、505mm×400mm两种。

① 使用图层【LA】命令，打开"图层特性管理器"对话框，新建"柱子"图层，并设置为当前图层，确定后回到绘图状态。

② 执行矩形【REC】命令，在图中下部相应的墙体上绘制800mm×350mm、505mm×400mm的矩形作为柱子的轮廓（见图9-9）。

③ 使用图案填充【H】命令，对上一步绘制的柱子轮廓内部进行填充。填充参数为：实体"SOLID"。

④ 使用镜像【MI】命令，选择下部柱子，捕捉竖向轴线中点进行镜像，得到上部分的柱子，完成柱子的绘制（见图9-9）。

（5）绘制玻璃隔墙

使用多段线【PL】命令，根据结构与尺寸绘制玻璃隔墙墙体，玻璃隔墙使用12mm厚度钢化玻璃。

图9-9　绘制墙体与柱子结构（单位：mm）

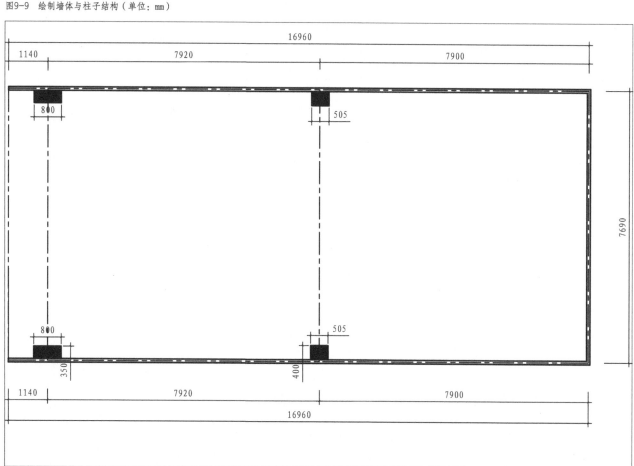

（6）绘制门

绘制进户门。按照尺寸要求绘制双开玻璃门，门使用12mm厚度钢化玻璃（见图9-10）。

9.2.3 尺寸标注

（1）设置图层

使用图层【LA】命令，打开"图层特性管理器"对话框，选择"标注"图层为当前图层，确定后回到绘图状态。

图9-10 绘制玻璃幕墙与双开门（单位：mm）

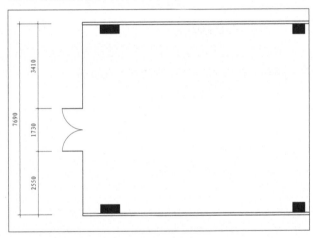

（2）设置标注样式的比例

该平面图以实际尺寸绘制，并以1：100的比例输出，因此对标注样式的比例需进行调整，设置注释比例为1：100。

（3）标注尺寸

使用线性【DLI】命令与连续【DCO】命令对原始建筑平面结构进行尺寸标注（见图9-11）。

9.2.4 文字说明标注

（1）设置图层

使用图层【LA】命令，打开"图层特性管理器"对话框，选择"文字"图层为当前图层，确定后回到绘图状态。

（2）绘制图名

使用多行文字【T】命令，设置文字样式为"图名"，在图形下方输入文字"原始建筑平面图"；设置文字样式为"图内文字"，在图名右侧标注比例"1：100"。

（3）绘制图名线

使用多段线【PL】命令，设置多段线宽度为100mm，绘制图名粗线，设置多段线宽度为0.25mm，绘制图名细线。

至此，专卖店原始建筑平面图已经绘制完成，按Ctrl+S组合键进行保存。

图9-11 绘制标注（单位：mm）

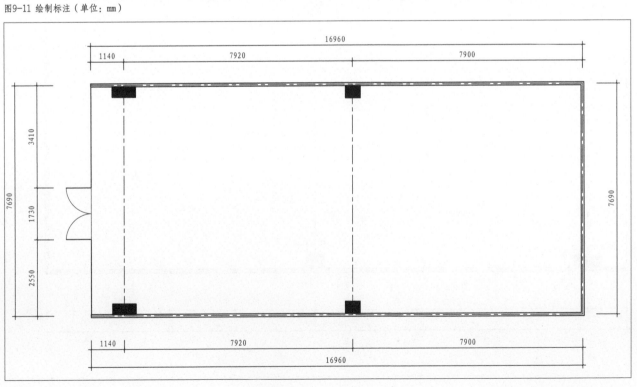

9.3　绘制专卖店平面布置图

专卖店的空间是复杂多样的，其经营的商品品种也各不相同。但无论是经营哪种商品，专卖店的平面格局都应该考虑商品展示空间、交通空间和顾客空间。

设计是功能与美的结合。功能性是商业空间设计首要的设计要求，对于人流量较大的空间，要考虑防灾避难和安全疏散等问题，以便消除后顾之忧。商业空间行走路线应科学合理，有利于商品的展示浏览、人群的进出，消除商业空间的死角。商业空间设计还应注重空间美的表现，从内部至外部的空间布局、陈设家具、景观绿化设置等各方提升人们对美的感受。只有达到功能与美感的完美结合，才能真正体现舒适宜人的空间效果（见图9-12）。

本案例专卖店空间结构简单，无法满足空间功能需求，因此根据功能将空间划分为引导区、展示区与服务区（见图9-13）。引导空间区域设计外立面、大门及展示橱窗；展示空间区域设计侧挂架、展示桌和龙门架；服务空间区域设计试衣间、休息区、收银台和仓库。先绘制各个区域空间结构，再分别在各个区域进行家具图块的布置，然后进行图内说明、标注和立面索引符号的注写，从而完成整个专卖店室内平面布置图的绘制（见图9-14）。

图9-12　某服饰专卖店空间模拟海洋与沙滩形态，体现品牌形象

图9-13　空间按照功能划分区域（单位：mm）

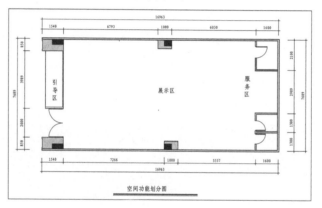

图9-14　某专卖店室内平面布置图（单位：mm）

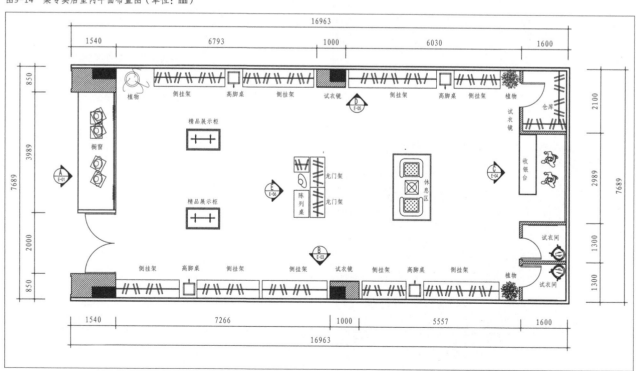

平面布置图 比例1∶100

9.3.1 绘制引导区域的平面布置

在现代商业活动中，引导区域是商业形象的重要组成部分。在引导区域设计中，进出门的设置是重要一环。将店门安放在店中央，还是左边或右边，这要根据具体人流情况而定。一般大型商场的大门可以设置在中央，小型商店的进出部位设置在左侧或是右侧，这样比较合理。门及门廊与内部空间设计具有呼应的效果，是设计中应该重点考虑的问题（见图9-15）。橱窗既是一种重要的广告形式，也是装饰店面的重要手段。一个构思新颖、主题鲜明、风格独特、装饰美观的橱窗，可以与整个店面结构和内外环境构成立体画面，能起到突出和美化店面的作用（见图9-16）。

本案例设计引导区域，首先将外部原有结构柱进行装饰，利用装饰板和水磨石花块装饰外立面墙体。设计双开门和橱窗，整体造型简洁大方（见图9-17）。

（1）绘制外部墙体结构

① 使用图层【LA】命令，创建"新建墙体"图层并设置为当前图层。

② 绘制新建墙体构造。使用多段线【PL】命令，根据尺寸绘制橱窗旁墙体构造与门边墙体结构。

③ 填充墙体材质。填充参数：用户定义"USER"，角度为45°，间距为50（见图9-18）。

④ 使用同样方法绘制南边墙体结构。

（2）绘制橱窗结构

① 绘制橱窗结构。使用直线【L】命令绘制长宽为1300mm×3989mm的矩形；使用偏移【O】命令，选择矩形左边向右偏移12mm，下边向上偏移100mm，右边向左偏移50mm。

② 布置橱窗道具。使用打开【Ctrl+O】命令打开本书提供的"素材\第9章\商业空间家具图例.dwg"文件。选择橱窗道具、窗帘组合等，复制、粘贴到橱窗平面布置图区域，橱窗绘制完毕（见图9-19）。

图9-15 门及门廊是设计中应该重点考虑的问题

图9-16 橱窗设计选用英伦元素，造型独特，塑造优雅而时尚的展示空间

图9-17 案例引导空间设计

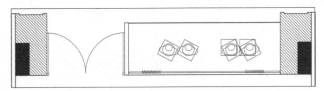

图9-18 绘制外部墙体结构（单位：mm）

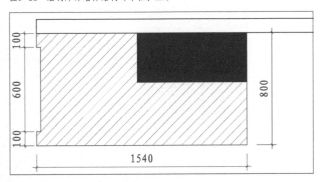

图9-19 绘制橱窗平面布置图（单位：mm）

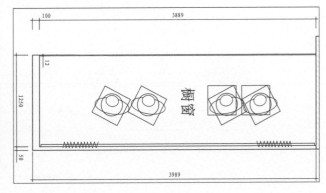

图9-20　绘制双开门（单位：mm）

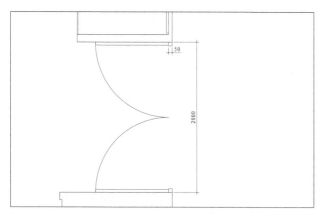

图9-21　展示空间舒适灵动，展示道具以白色为主，突出展示商品的特性

③ 绘制双开门。专卖店大门为双开门，宽度尺寸为2000mm。使用矩形【REC】命令、圆弧【A】命令、镜像【MI】命令，根据尺寸要求绘制双开门，使用移动【M】命令调整合适位置（见图9-20）。

9.3.2　绘制展示区平面布置图

专卖店展示区域设计必须考虑以顾客为中心的服务宗旨，满足顾客的多方面需求。进行室内商品展示空间设计时要考虑多种相关因素：如设计时要研究人们在室内活动的"动线"，引导顾客按设计的自然走向，顺畅地进行空间活动，尽可能让顾客更多地识别、浏览、接触商品，使入店时间和卖场空间得到最高效的利用；物品的展示布置要科学合理，同类的要放在同一区域，避免顾客来回折返浪费时间；展柜的高度要方便顾客拿取，展示道具的布置要体现空间特色等。除此之外，灯光的照明方式和照度、空间的材质设计、独特的陈列手法、巧妙的商品色彩搭配，同样会增添顾客对于商品的丰富印象，激发消费者对商品的购买欲望（见图9-21）。

本案例展示区域考虑艺术性与实用性相结合，沿墙布置侧挂架与高脚桌，中间放置精品展示柜、龙门架、展示桌（见图9-22），合理的动线设计，既便于商品的展示，又便于顾客浏览、接触。

图9-22　案例展示空间设计

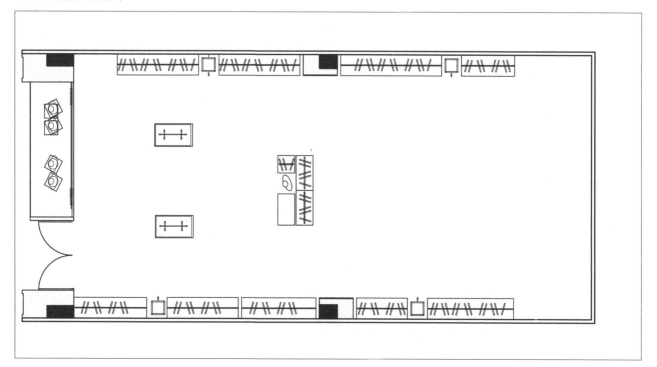

图9-23 根据空间需求可以利用柱子进行设计，这也是商业空间中常用手法

图9-24 绘制柱子结构与试衣镜（单位：mm）

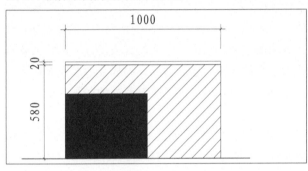

（1）绘制柱子结构与试衣镜

在现代商业卖场中，因商业建筑结构的特点，柱子形成了空间中的一个主要部位。不管做空间设计分割、布局规划，还是局部展示设计，都不可避免地要考虑到柱子的设计问题。利用柱子在空间中的作用，加以深入有效的艺术设计，会产生许多更加精彩的效果。如利用植物、饰品装饰柱面或做小景布置，以烘托商业气氛；利用柱子可做成灯箱，展示品牌形象；围绕柱子可做成一个休闲空间等。根据不同空间需求可以利用柱子进行设计，这也是商业空间中常用的表现手法（见图9-23）。本案例考虑整体效果，对原有结构柱进行设计，并在设计基础上加入镜面材质。

① 绘制柱子结构与试衣镜。使用直线【L】命令绘制尺寸为1000mm×600mm的矩形；使用分解【X】命令分解矩形；使用偏移【O】命令，选择矩形上边线向下偏移20mm。

② 填充图案。使用图案填充【H】命令填充墙体。填充参数为：用户定义"USER"，角度45°，间距50（见图9-24）。

（2）布置侧挂架

使用矩形【REC】命令或多段线【PL】命令绘制侧挂架，绘制结构与尺寸参照图例（见图9-25）。

图9-25 根据结构与尺寸布置侧挂架（单位：mm）

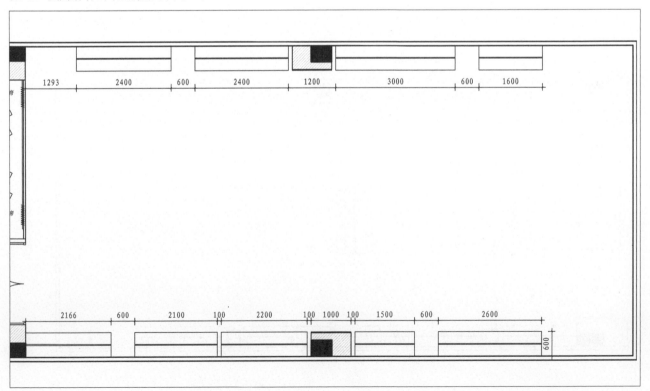

（3）绘制龙门架与展示桌

使用矩形【REC】命令、圆【C】命令、多段线【PL】命令绘制展示桌与侧挂架，绘制结构与尺寸参照图例（见图9-26）。

（4）布置道具图块

使用打开【Ctrl+O】命令打开本书提供的"素材\第9章\商业空间家具图例.dwg"文件，选择衣架、模特、高脚桌图块，复制、粘贴到平面布置图展示区合适位置。

9.3.3　绘制服务空间布置图

专卖店的服务空间是为了更好地辅助卖场的活动，同时也为顾客提供更好的服务形态（见图9-27）。本案例根据需求设置试衣间、收银台、仓库和休息区（见图9-28）。

（1）绘制试衣间平面布置图

① 使用直线【L】命令、偏移【O】命令、修剪【TR】命令绘制试衣间图形，绘制结构与尺寸参照图例（见图9-29）。

② 填充墙体，参数设置与其他墙体一致。

③ 使用插入【I】命令插入本书前面章节已提供的门图块，并给出相应的比例缩放，放置到具体的门洞处。

图9-28　本案例根据需求设置试衣间、收银台、仓库和休息区

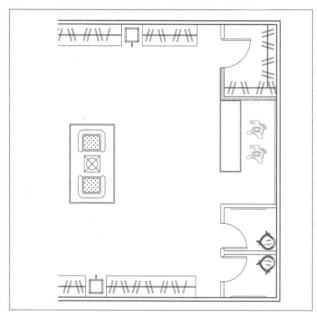

图9-26　根据结构与尺寸绘制龙门架与展示桌（单位：mm）

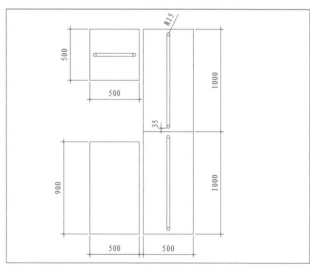

图9-29　根据结构与尺寸绘制试衣间平面布置图（单位：mm）

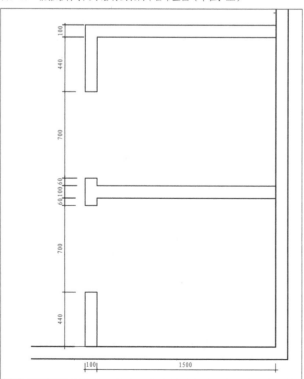

图9-27　服务空间的白色沙发与休闲风格的藤椅，浅灰色的基调与柔软的布帘结合，给人一种轻盈舒适的感受

④ 使用打开【Ctrl+O】命令打开本书提供的"素材\第9章\商业空间家具图例.dwg"文件，选择椅子图块，复制、粘贴到试衣间合适位置，试衣间绘制完毕（见图9-30）。

（2）绘制仓库平面布置图

① 绘制仓库墙体结构。使用直线【L】命令、偏移【O】命令、修剪【TR】命令根据结构与尺寸绘制仓库墙体（见图9-31）。

② 填充墙体和设置门的方法与前面做法一致。

③ 使用打开【Ctrl+O】命令，打开本书提供的"素材\第9章\商业空间家具图例.dwg"文件，选择衣架图块，复制、粘贴到仓库合适位置（见图9-32）。

（3）绘制收银台平面布置图

① 绘制收银台结构。使用矩形【REC】命令或多段线【PL】命令根据结构与尺寸绘制收银台；使用偏移【O】命令选择图形向内偏移20mm（见图9-33）。

② 使用打开【Ctrl+O】命令打开本书提供的"素材\第9章\商业空间家具图例.dwg"文件，选择人图块，复制、粘贴到平面布置图中收银台后合适的位置。

（4）绘制休息区

使用打开【Ctrl+O】命令打开本书提供的"素材\第9章\商业空间家具图例.dwg"文件，选择沙发图块，复制、粘贴到平面布置图中收银台对面合适的位置。

（5）设计植物

使用打开【Ctrl+O】命令打开本书提供的"素材\第

图9-30 绘制完成试衣间门及家具

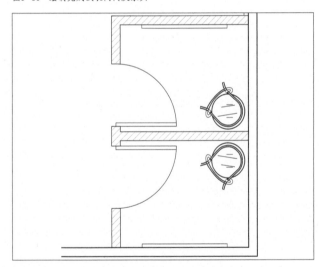

图9-31 根据结构与尺寸绘制仓库墙体结构（单位：mm）

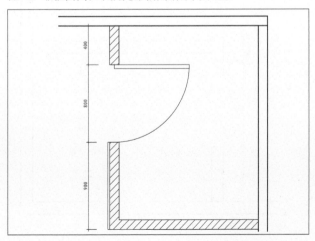

图9-32 绘制仓库道具

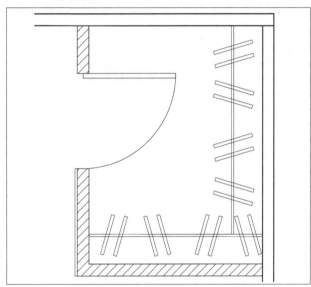

图9-33 根据结构与尺寸绘制收银台平面图（单位：mm）

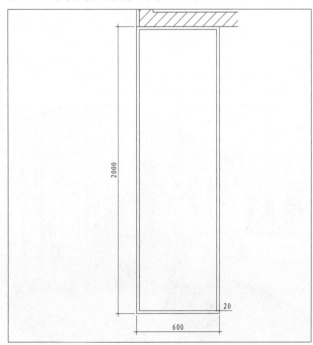

9章\商业空间家具图例.dwg"文件，选择植物图块，复制、粘贴到专卖店平面布置图的合适位置。

9.3.4　绘制文字标注

绘制文字标注，为图纸做进一步的设计说明。使用多行文字【T】命令，选择文字样式"图内文字"，在绘图区橱窗处输入文字标注"橱窗"（见图9-34）；重复操作，绘制其他区域的文字标注。

9.3.5　尺寸标注

使用线性标注【DLI】命令与连续标注【DCO】命令，对墙体及其他尺寸进行标注。

9.3.6　标注室内立面索引符号

使用打开【Ctrl+O】命令打开本书提供的"素材\第9章\商业空间家具图例.dwg"文件，选择室内立面索引符号图块，复制、粘贴到平面布置图合适的位置。在操作过程中，若符号方向不符，则使用旋转【RO】命令纠正；若标号不符，则将图块分解，然后编辑文字（见图9-35）。

至此专卖店的平面布置图绘制完成，按Ctrl+S组合键进行保存。

图9-34　绘制文字标注

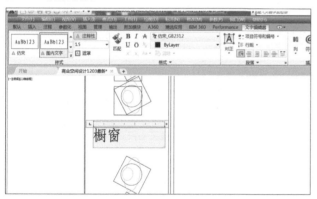

图9-35　插入室内立面索引符号

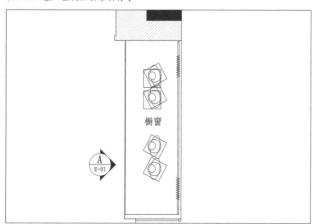

9.4　绘制专卖店地面铺装图

商业卖场的地面设计应首先考虑防滑、耐磨和易清洁的地面材料。常用防滑地砖、大理石、PVC（聚氯乙烯）地板等耐磨材料（见图9-36）。有些高档的专卖店或独立经营的专卖店，有时也会用木地板或地毯进行地面铺装，以提升商业卖场的档次（见图9-37）。

本案例根据实际需求将地面铺装材料分四类。引导区铺设800mm×800mm玻化砖；展示区、收银台等铺设实木地板；试衣间和休息区铺设地毯；考虑仓库的实用性，使用原有地面（见图9-38）；绘制文字标注，为图纸做进一步的设计说明。

图9-36　商业卖场空间地面采用浅灰色防滑地砖，空间简洁大方

图9-37　空间采用浅褐色木地板进行地面铺装，搭配造型活泼生动的家具，有效提升品牌形象

（1）设置图层

使用图层【LA】命令，选择"填充"图层为当前图层。

（2）整理图形

使用复制【CO】命令，将平面布置图复制一份到图形空白处，删除其中的家具、植物等内容；使用直线【L】命令，在门洞处绘制直线封闭图形。

（3）铺设大门处及原商场地面材料

大门处及原商场地面设置玻化砖。填充参数为：用户定义"USER"，"双"，间距800（见图9-39）。

（4）铺设卖场地面材料

专卖店地面设置多层实木地板。填充参数为：图案"DOLMIT"，角度0°，比例30（见图9-40）。

（5）铺设橱窗地面材料

橱窗地面设置多层实木地板。填充参数为：图案"DOLMIT"，角度90°，比例30。

（6）铺设试衣间地面材料

试衣间地面设置地毯。填充参数为：图案"AR-CONC"，角度45°，比例1（见图9-41）。

（7）进行文字和图名注释

使用图层【LA】命令，将"文字"图层置为当前图层；使用多行文字【T】命令，按设计要求注释地面材料与材料规格。

至此，地面铺装图绘制完成，按Ctrl+S组合键进行保存

图9-38 案例地面铺装设计（单位：mm）

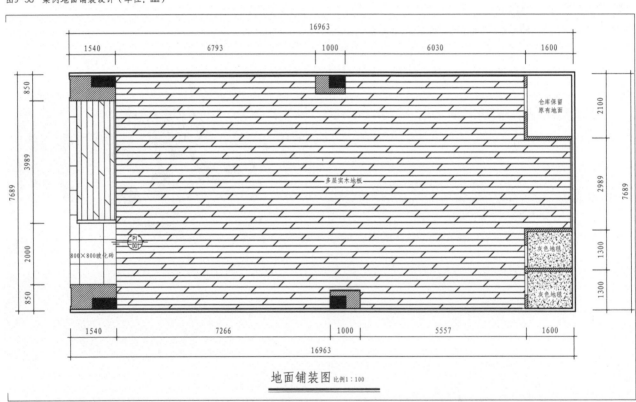

地面铺装图 比例1:100

图9-39 大门处及原商场地面设置玻化砖

图9-40 专卖店地面与橱窗设置多层实木地板

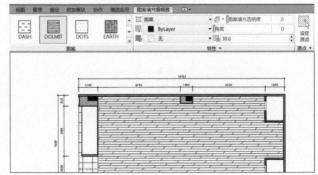

图9-41　专卖店试衣间设置地毯（单位：mm）

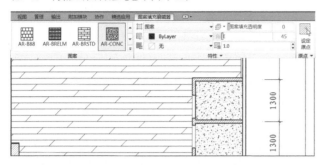

图9-42　商业卖场中吊顶材料多使用轻钢龙骨纸面石膏板

图9-43　服饰专卖店使用铝扣板材料，富有时尚感

图9-44　男性服饰专卖店天花设计简洁，整体空间端庄大气

9.5　绘制专卖店顶棚平面图

商业卖场中吊顶材料多使用轻钢龙骨纸面石膏板（见图9-42），还有轻钢龙骨硅钙板、矿棉板、铝扣板等消防性能较好的防火材料（见图9-43）。商业卖场天花板的设计应以简洁为好，与地面总体的格局应呼应处理，还要考虑其造型的设计不要与空调风口及消防喷淋设备相冲突（见图9-44）。

商业购物空间对灯光的要求较高，合理的灯光布局可以增强商品的色彩与质感，刺激消费者的购买欲望。有些商品需置放局部照明作为补充光源，经过精心设计的局部光投射，可以使物体与背景产生空间感，烘托强烈或柔和的气氛（见图9-45和图9-46）。

本案例在专卖店顶部采用轻钢龙骨纸面石膏板制作吊顶，顶面采用白色乳胶漆材质，以保持空间高度，避免压抑感。橱窗内布置筒灯和射灯，展示区布置射灯和花式吊灯，服务区布置射灯和吸顶灯，造型简洁，满足

图9-45　儿童专卖店灯光布局活泼生动，增强商品的色彩与质感

图9-46　男性服饰空间采用局部光投射，色调沉稳，空间感强烈

设计的需求；加入文字说明及标高符号，从而完成整个专卖店顶面布置图的绘制（见图9-47）。

（1）绘制顶部墙体结构

① 顶棚平面图可在地面铺装图的基础上进行绘制，使用复制【CO】命令，将地面铺装图复制一份到图形空白处，删除地面填充内容。

② 使用直线【L】命令绘制直线封闭墙体的洞口（见图9-48）。

（2）绘制顶部造型

本案例专卖店顶棚设计为平顶，使用轻钢龙骨纸面石膏板吊平后刷白色乳胶漆。

（3）布置灯具

使用打开【Ctrl+O】命令打开本书提供的"素材\第9章\商业空间家具图例.dwg"文件，选择筒灯、射灯、花式吊灯、吸顶灯灯具图例，复制、粘贴到商业空间设计图纸顶面合适的位置，灯具布置完毕（见图9-49）。

（4）绘制灯具图例说明

使用直线【L】命令或插入表格【TB】命令绘制2行4列的图表，将灯具图例置入表格中，输入对应的文字说明。

图9-47 案例顶棚设计（单位：mm）

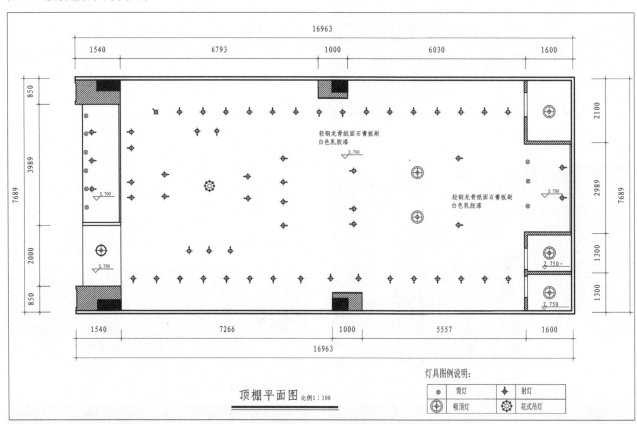

图9-48 绘制顶部墙体结构

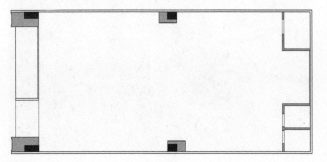

图9-49 专卖店布置灯具

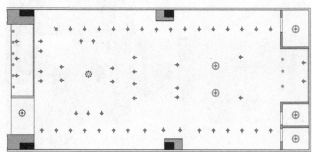

（5）绘制标高

使用打开【Ctrl+O】命令打开本书提供的"素材\第9章\商业空间家具图例.dwg"文件，选择标高符号，复制、粘贴到专卖店设计图纸顶面对应位置并注写数值。橱窗标高为2.700m，展示区标高为2.750m，收银台及试衣间、仓库标高均为2.750m，标高符号绘制完毕。

（6）进行文字和图名注释

将"文字"图层置为当前图层，使用多行文字【T】命令，按设计要求注释顶面材料与材料规格。

至此，顶棚平面图绘制完毕，按Ctrl+S组合键进行保存。

图9-50　空间采用高柜进行商品展示，功能合理，端庄雅致

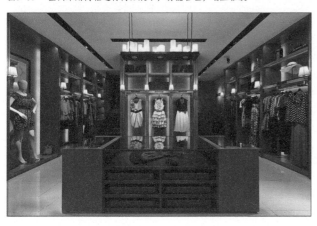

图9-51　空间利用柱子造型进行商品宣传，搭配造型别致的展架，空间生动而又简约

9.6　绘制专卖店立面图

9.6.1　设计分析

专卖店外立面所使用的材料，常采用较硬质的石材、铝合金和玻璃。这些材料都具有美观、耐用、时尚的特点。卖场中厅、柱子常采用石材、铝塑板等耐用并符合消防要求的装饰材料；卖场大多数墙面基本上被展柜、展架所遮挡，通常只是刷乳胶漆或做喷涂处理。卖场橱窗、展柜、展架的立面造型、收银台及背景立面往往是设计的重点，它对整个设计风格的表现能起到很好的展示作用（见图9-50和图9-51）。

本案例绘制专卖店空间的外立面，通过绘制立面墙体、橱窗造型、大门形态和墙面装饰，标示装饰材料及尺寸等认识商业空间外立面绘制方法，整个立面造型简洁并富有美感（见图9-52）。

9.6.2　绘制专卖店A立面图

（1）整理外立面图形

新建立面图层，设置立面图层为当前图层。使用复制【CO】命令，复制橱窗的平面部分到一旁，使用旋转【RO】命令旋转90°，整理图形。

（2）绘制外框墙体

使用直线【L】命令，用正投影法沿截面图向下绘制长度为4500mm的直线；使用直线【L】命令，过左右端点

图9-52　绘制橱窗及大门外观立面图（单位：mm）

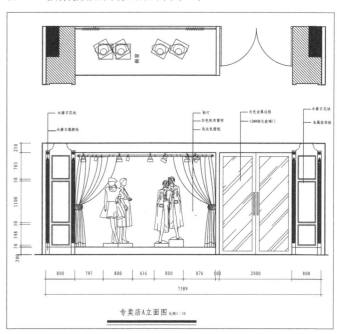

专卖店A立面图比例1：50

做水平线；使用偏移【O】命令，按照该空间层高将下边线向上偏移2950mm，完成外部墙体绘制（见图9-53）。

（3）绘制橱窗天花线与底座

使用偏移【O】命令，上边线向下偏移250mm，下边线向上偏移200mm；使用修剪【TR】命令修剪多余线段（见图9-54）。

（4）布置外立面大门造型及橱窗道具

使用打开【Ctrl+O】命令打开本书提供的"素材\第9章\商业空间设计家具图例.dwg"文件，选择墙体外立面装饰图形、大门、模特、射灯图块，复制、粘贴至专卖店A立面图中合适的位置（见图9-55）。

（5）绘制标注和文字说明

将"标注"图层设为当前层，结合使用线性标注命令和连续标注命令对图形进行标注。

将"文字"图层设为当前图层，执行多重引线【MLD】命令，绘制文字说明。

使用多行文字【T】命令创建图名文字。

至此，专卖店A立面图绘制完毕，按Ctrl+S组合键进行保存。

图9-53　用正投影法绘制立面墙体结构（单位：mm）

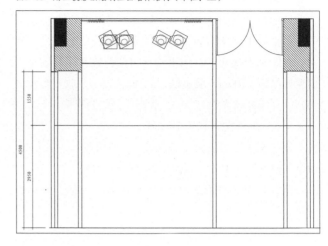

图9-54　绘制外立面顶部与底部结构（单位：mm）

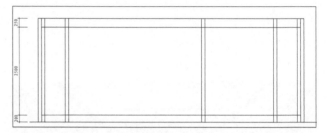

图9-55　布置外立面大门造型及橱窗道具

思考与延伸

1.商业空间的功能如何区分？

2.专卖店空间功能如何划分？

3.专卖店顶棚设计有什么要求？

4.专卖店地面设计有什么要求？

第 10 章 办公空间施工图绘制

办公空间室内设计是室内设计的一个非常重要的部分。本章通过某公司办公空间设计项目实例讲述使用AutoCAD进行办公空间室内设计施工图的绘制过程。通过办公空间平面布置图、地面铺装图、顶棚平面图、立面图的绘制方法与相关知识的介绍，帮助读者熟练运用AutoCAD软件进行室内设计图纸绘制，提高准确表达空间设计的能力。

10.1 办公空间室内设计分析

10.1.1 办公空间的功能分析

办公空间是展示一个企业或单位形象最主要的窗口，既可以在对外展示与交流中提升公司的形象，增高合作成功的概率，同时也可以提高员工的工作效率（见图10-1和图10-2）。

办公空间主要考虑人、环境与使用设备之间关系，涉及科学、技术、人文与艺术等因素（见图10-3）。一般来讲，办公空间由办公用房、公共用房、服务用房和其他附属设施用房等组成。完善的办公空间应体现管理上的秩序性及空间系统的协调性，设计时应先分析各个

图10-2　工作区与休息区完美结合，色彩跳跃的休闲家具使办公场所充满活力和灵感

图10-1　现代化办公空间与大面积绿植墙结合，展示企业环保、健康的形象

图10-3　办公空间、人、环境与机器关系图

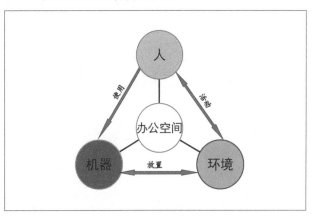

空间的动静与主次关系，也要考虑采用隔声、吸音等措施来满足交流、办公、洽谈、管理、会议等重要空间的需求，还需适当考虑造型、色彩、风格、陈设等体现企业形象特征的内容（见图10-4）。一般根据办公楼等级标准的高低，分配给办公室内人员的面积定额通常为3.5～6.5㎡/人，设计人员依据上述定额可以根据实际需要确定工作位置的数量。布局办公空间各类房间所在位置及层次时，应将对外联系较为密切的部分布置于出入口或靠近出入口的主通道处。如把接待处设置于出入口处，会客以及一些具有对外性质的会议室和多功能厅设置于出

入口的主通道处。主体工作区的平面工作位置的设置按功能需要划分。从安全疏散和有利于通行角度考虑，走道远端房间门至楼梯口的距离不应大于22m，且走道过长时应设采光口，单侧设房间的走道净宽应大于1.3m，双侧设房间的走道净宽应大于1.6m，走道净高不得低于2.1m。设计时也要思考通过一切技术手段减少办公空间对自然资源和能源的消耗，减少对自然的伤害，注重使用绿色材料，保障员工的健康和提高员工的劳动生产率，为广大员工提供良好的工作环境，体现可持续、高效发展的原则。办公空间的室内设计也要考虑应与整个企业的形象、风格、色调做统一协调处理（见图10-5）。

10.1.2 案例分析

本案例为建筑装饰公司的办公空间，其办公形态多以交流、设计、制作等为主体，各职能部门处于平行关系，即同一流程的不同环节，通过各部门的密切合作以完成任务。一般具有空间设计新颖别致，富有个性的特色（见图10-6）。

本案例办公空间建筑结构为框架结构，层高3.450m（见图10-7）。经过分析原建筑结构与朝向，考虑企业的性质与空间需求，确定空间功能划分为三大区域：公共区域体现公司文化氛围，工作区域满足日常工作交流需要，服务区域提供休息、娱乐、交流等活动（见图10-8）。设计强调现代办公空间的人文关怀，营造简洁明朗、舒适宜人的空间和环境，以满足办公的需求。

图10-4 办公空间设计时需考虑艺术功能和使用功能相结合

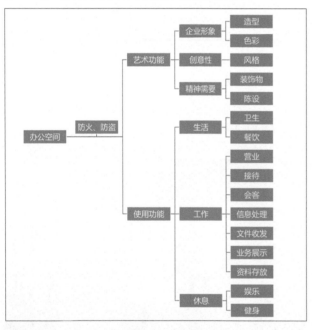

图10-5 富有动感的空间造型，简洁大气的装饰，等待区红色沙发为空间带来亮点。办公空间设计与企业的形象协调

图10-6 用曲线结构将天花、墙、家具进行整合，并将树木和绿植搬进空间，设计新颖别致，空间个性且富有生机

图10-7　案例办公空间建筑结构（单位：mm）

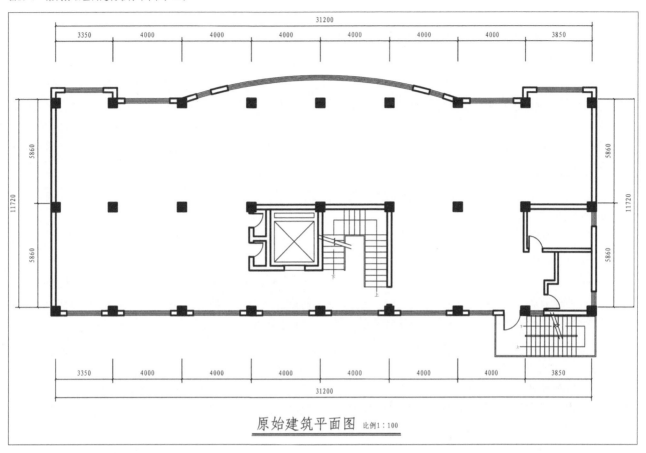

原始建筑平面图 比例1：100

图10-8　案例办公空间按功能需求划分为三大区域（单位：mm）

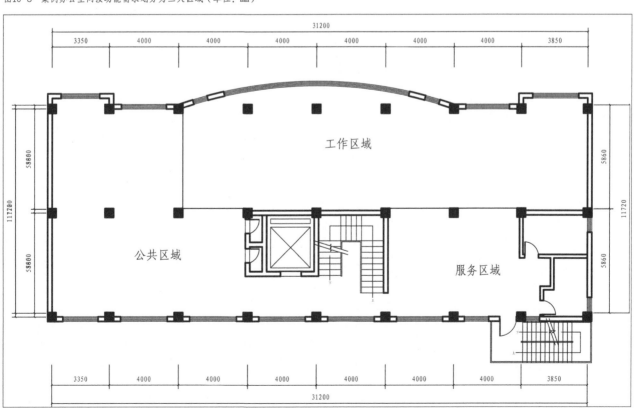

10.2 绘制办公空间原始建筑平面图

用户在绘制办公空间原始建筑平面图时，可以首先调用已设置好的样板文件；根据结构尺寸要求绘制轴网，绘制柱子，设置多线样式绘制墙体；绘制楼梯与电梯结构；根据结构的要求绘制门窗；最后对其进行文字注释及标注尺寸，绘制图名、比例等内容。

10.2.1 绘制轴网

（1）新建样板文件

使用新建【Ctrl+N】命令，选择"室内设计施工图模板"文件，新建样板图形。

（2）保存文件

使用保存【Ctrl+S】命令保存文件，文件命名"办公空间室内设计施工图"。

（3）设置图层

使用图层【LA】命令，打开"图层特性管理器"对话框，选择"轴线"图层为当前图层，确定后回到绘图状态。

（4）绘制轴网

① 绘制水平、竖直轴线。使用直线【L】命令，在绘图区左下角适当位置绘制两条互相垂直的轴线，水平长度为31200mm，竖直长度为11720mm。

② 绘制轴网。使用偏移【O】命令，选择竖直直线，以此向右偏移3350mm、4000mm、4000mm、4000mm、4000mm、4000mm、4000mm、3850mm，选择水平直线，向上偏移5860mm、5860mm，完成轴网绘制（见图10-9）。

③ 调整线型。当前轴线线性不可见，选择功能区"特性"工具板，点击"线型"命令，选择"其他"，打开"线型管理器"对话框，单击右上角"显示细节"按钮，将全局比例因子设为500，点划线的样式就能在屏幕上显示。全局比例因子设置可以根据实际显示需要进行调整。

10.2.2 绘制柱子

本案例中的柱子原则上不得进行拆除及结构上的处理，结构柱子主要有500mm×500mm一种。

① 使用图层【LA】命令，打开"图层特性管理器"对话框，新建"柱子"图层，并设置为当前图层，确定后回到绘图状态。

② 使用矩形【REC】命令，在图中空白处绘制500mm×500mm的矩形作为柱子的轮廓。

③ 使用图案填充【H】命令对绘制的柱子轮廓内部进行填充。填充参数为：图案"ANSI33"，比例10，完成一个柱子的绘制。

④ 使用复制【CO】命令复制、移动柱子到轴网相应的位置（见图10-10）。

图10-9 绘制原始建筑平面图轴网（单位：mm）

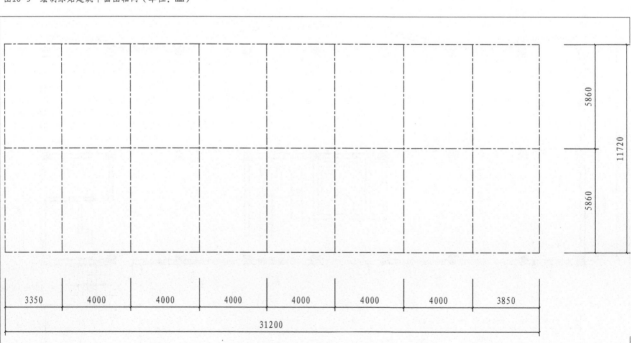

10.2.3 绘制墙体结构

本案例中的外部墙体厚度为260mm，用户可使用多线【ML】命令根据结构进行相应的墙体绘制。

（1）设置图层

使用图层【LA】命令，打开"图层特性管理器"对话框，选择"墙体"图层为当前图层，确定后回到绘图状态。

（2）绘制外部墙体

使用多线【ML】命令，设置对正为"上（T）"，比例为260，样式为STANDARD，其墙体以柱子边对齐，根

据结构与尺寸要求绘制相应的外围墙体对象。

（3）绘制弧形玻璃幕墙

使用圆弧【A】命令，根据命令行提示依次选择"起点、端点、半径"，捕捉左右两边柱子上部中点，输入半径25137mm，绘制一段圆弧对象；再执行偏移【O】命令，将该圆弧对象向内侧偏移5次，间距66mm；外墙绘制完毕（见图10-11）。

（4）修剪墙体

绘制完成的墙体如果出现问题要进行修改，可以使用分解【X】命令分解墙体；使用修剪【TR】命令修改墙体。

图10-10 绘制柱子结构（单位：mm）

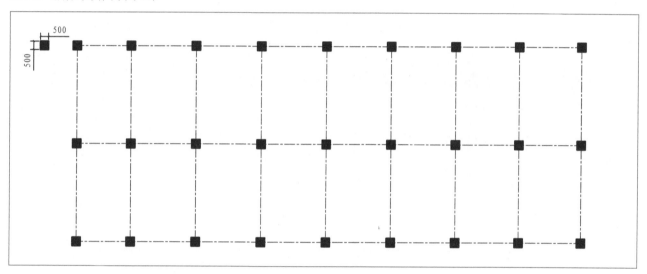

图10-11 绘制外部墙体结构（单位：mm）

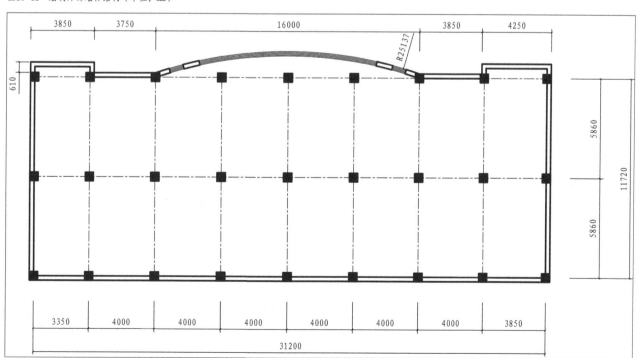

（5）绘制电梯间、卫生间墙体结构

使用多段线【PL】命令，偏移【O】命令、修剪【TR】命令等，根据结构与尺寸绘制电梯间、卫生间墙体结构（见图10-12）。

10.2.4 绘制门窗等结构

（1）绘制门洞和窗洞

绘制门洞和窗洞洞口时，常以临近的墙线或轴线作为距离参照来帮助确定洞口位置。

① 设置图层。使用图层【LA】命令，打开"图层特性管理器"对话框，选择"门窗"图层为当前图层，确定后回到绘图状态。

② 使用偏移【O】命令、延伸【EX】命令、修剪【TR】命令，根据尺寸绘制门洞和窗洞（见图10-13）。

（2）绘制门与窗户

门窗绘制比较简单，根据尺寸绘制即可完成，这里不再讲述。

图10-12 绘制电梯间、卫生间墙体结构（单位：mm）

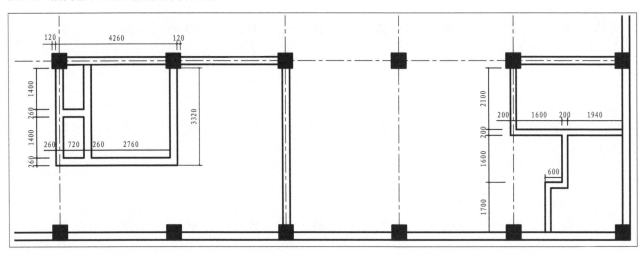

图10-13 绘制门洞和窗洞（单位：mm）

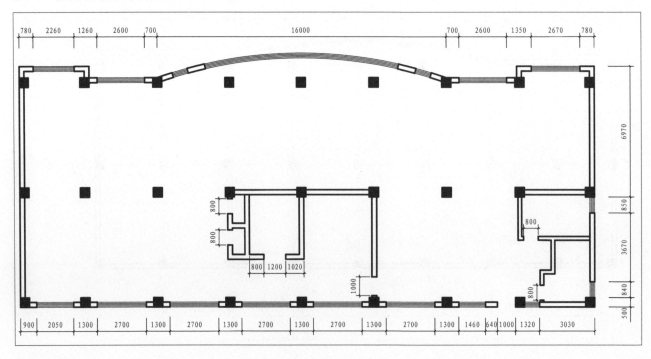

（3）绘制楼梯、电梯结构

① 使用图层【LA】命令，打开"图层特性管理器"对话框，新建"楼梯"图层，并设置为当前图层，确定后回到绘图状态。

② 使用矩形【REC】命令、直线【L】命令、偏移【O】命令、修剪【TR】命令，按照结构与尺寸绘制楼梯与电梯基本图形（见图10-14）。

③ 使用多段线【PL】命令绘制楼梯上下指示符号。使用直线【L】命令、偏移【O】命令绘制折断符号（见图10-15）。

10.2.5　尺寸标注

（1）设置图层

使用图层【LA】命令，打开"图层特性管理器"对话框，选择"标注"图层为当前图层，确定后回到绘图状态。

（2）设置标注样式的比例

该平面图以实际尺寸绘制，并以1：100的比例输出，因此对标注样式的比例需进行调整，设置注释比例为1：100。

（3）标注尺寸

使用线性标注【DLI】命令与连续标注【DCO】命令，对原始建筑平面结构进行尺寸标注（见图10-16）。

10.2.6　文字说明标注

（1）设置图层

使用图层【LA】命令，打开"图层特性管理器"对话框，选择"文字"图层为当前图层，确定后回到绘图状态。

（2）绘制图名文字

使用多行文字【T】命令，在图形下方输入文字"原始建筑平面图"；在图名右侧输入文字"比例1：100"。

（3）绘制图名线

使用多段线【PL】命令，设置多段线宽度为100mm，绘制图名粗线，设置多段线宽度为0.25mm，绘制图名细线。

至此，办公空间原始建筑平面图绘制完成，按Ctrl+S组合键进行保存。

图10-14　绘制楼梯与电梯基本图形（单位：mm）

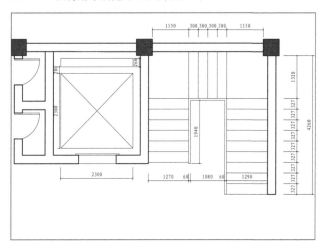

图10-15　绘制楼梯与电梯符号

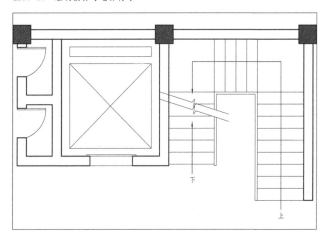

图10-16　绘制标注（单位：mm）

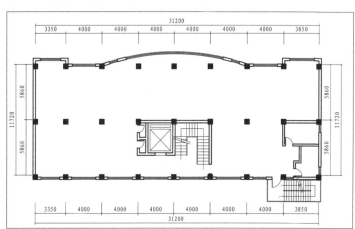

10.3　绘制办公空间平面布置图

在办公空间设计中，满足办公的使用功能是最基本的要求。尽管各类办公机构性质不向，但在功能分区和配置上大致一样，也有规律可循。大多数平面布局顺序为门厅、接待区、工作区、会议室、行政办公室、休闲区、过道。通过合理地协调各个部门、各种职能的空间分配，协调好各功能区域的动线关系，做到既不影响办公区的工作环境，同时满足办公人员使用便利和自身功能的要求，这也是进行办公空间整体布局的重要内容。

本案例办公空间建筑结构无法满足空间功能需求，因此根据功能将空间划分为个公共区域、工作区域、服务区域三大区域。公共区域包括前台、接待室、会议室；工作区域包括设计办公室、业务室、施工室、财务室、总经理办公室；服务区域包括休息区、卫生间。根据各部分相应的功能要求分配其位置，接待室位于前台接待区后边，通过隔墙营造出一个独立的空间；会议室设在接待室右边，可以满足日常交流与会议，同时利用会议室与接待室隔墙与走道设置企业形象展示墙体现企业文化；工作区域满足日常工作交流需要，设置设计部、业务部、工程部、财务部、总经理办公室等专业类别办公区域；服务区域提供休息、交流、简单餐饮等活动。根据设计要求，使用AutoCAD工具绘制隔墙进行空间划分，从而形成不同用途的区域，再分别在各个区域进行室内家具图块的布置，然后对其进行图内文字说明、绘制尺寸标注和添加室内立面索引符号，从而完成办公空间室内平面布置图的绘制（见图10-17）。

图10-17　案例平面布局设计（单位：mm）

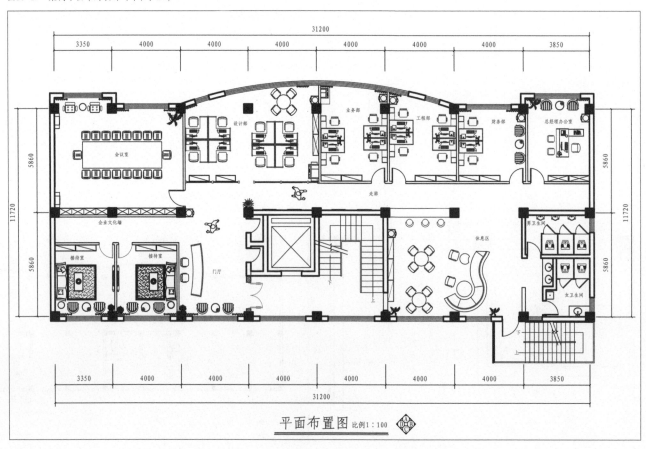

平面布置图 比例1：100

10.3.1 绘制公共区域平面布置图

公共区域包括门厅、接待室、会议室。门厅处于整个办公空间的最重要的位置，有迎宾、接洽、咨询、等候等综合功能。一般门厅处是设计的重点，主要设施有接待台、等候休闲座等，是接待、洽谈和客人等待的地方，也是体现企业文化特征的地方（见图10-18）。接待室是企业对外交往的窗口，设置的数量、规格要根据企业公共关系活动的实际情况而定，接待室的设计要干净、美观、大方，以体现企业形象和烘托室内气氛（见图10-19）。会议室在现代办公空间中具有举足轻重的地位，会议室中的平面布局主要根据已有房间的大小、要求会议人席的人数和会议举行的方式等因素来确定。会议室设计应简洁，光线充足，空气流通（见图10-20）。

本案例的公共区域中，门厅处设计简洁造型的双开门和接待台，考虑到企业与客户交流较多，在接待台后部设置两个小型封闭接待室和一个中型会议室，既可以供员工日常工作交流，也可以进行客户交流活动。同时利用会议室和接待室的过道与墙面设置企业形象展示墙，充分体现企业文化和理念。总之，本案例的公共区域布局合理，通道顺畅，简洁大方（见图10-21）。

图10-18 门厅空间设计灵动，等候区设计巧妙，天花板富有现代质感，完美塑造企业现代形象

图10-20 会议室简洁舒适，大面积落地窗带来充足的采光与良好的通风，窗户上部的彩色玻璃与自然肌理花纹的地毯带给空间温馨的感觉

图10-19 现代风格接待室宽敞、明亮，玻璃隔墙与跳跃的红橙色搭配使空间动感十足，充满活力

图10-21 案例公共区域设计

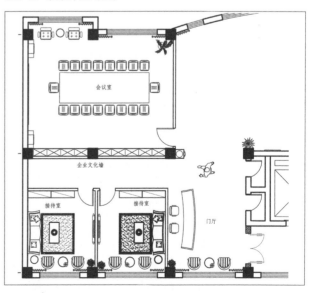

（1）绘制门厅结构

① 绘制大门。使用多段线【PL】命令，按尺寸绘制电梯左边墙体构造与门边墙体结构（见图10-22）。

② 使用打开【Ctrl+O】命令打开本书提供的"素材\第10章\办公空间家具图例.dwg"文件。选择门图块，复制、粘贴到进门处大门位置，大门绘制完毕。

（2）绘制前台与等候区

使用打开【Ctrl+O】命令打开本书提供的"素材\第10章\办公空间家具图例.dwg"文件。选择前台、休闲桌椅、植物、窗帘组合，复制、粘贴到前台与等候区平面布置图合适区域，前台与等候区绘制完毕。

（3）绘制接待室

使用多段线【PL】命令、偏移【O】命令、修剪【TR】命令按尺寸要求绘制接待室墙体结构（见图10-23）。

使用打开【Ctrl+O】命令打开本书提供的"素材\第10章\办公空间家具图例.dwg"文件。选择门、沙发、矮柜、电视机、植物、窗帘图块，复制、粘贴到接待室平面布置图区域，接待室绘制完毕。

（4）绘制会议室

① 使用多段线【PL】、偏移【O】、修剪【TR】命令按尺寸要求绘制会议室墙体构造（见图10-24）。

② 使用直线【L】、偏移【O】、修剪【TR】和矩形【REC】命令按尺寸要求绘制会议室南边装饰柜构造，以及投影幕布、投影幕布左右装饰柜构造（见图10-25）。

③ 使用打开【Ctrl+O】命令打开本书提供的"素材\第10章\办公空间家具图例.dwg"文件。选择会议桌、休闲桌椅、植物、窗帘组合，复制、粘贴到会议室平面布置图区域，会议室绘制完毕。

图10-24　绘制会议室墙体构造（单位：mm）

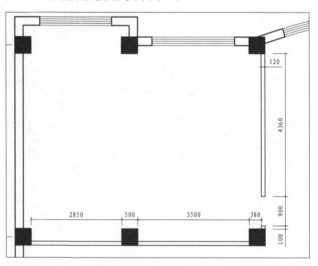

图10-25　按尺寸要求绘制会议室南边装饰柜构造以及投影幕布、投影幕布左右装饰柜构造（单位：mm）

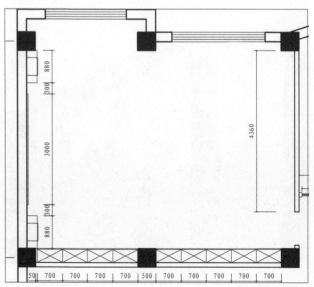

图10-22　绘制电梯左边墙体构造与门边墙体结构（单位：mm）

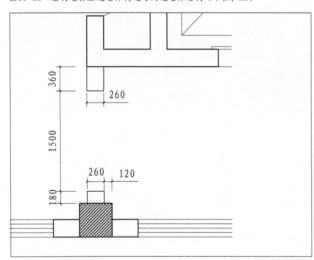

图10-23　绘制接待室墙体结构（单位：mm）

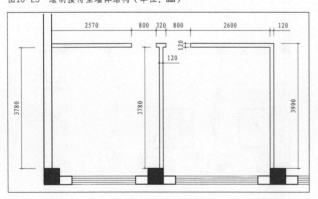

10.3.2 绘制工作区域平面布置图

工作区域是办公空间中最主要的功能区域，一般是员工完成工作流程全过程的工作区域的组合，应根据工作需要和部门人数，参考建筑结构而设定位置及面积。另外，设计时还需要考虑各级员工的工作环境以及工作组织形式，以满足不同部门的特定需求。专业工作空间（设计室）是具有专业工作需求功能的工作区域，家具的规格、设置方式以及光照方面的设计必须符合实际的相应要求（见图10-26）。普通办公空间在设计时应根据具体的企事业单位的性质和其他所需，给予相应的功能空间设置及设计构想定位（见图10-27）。经理室或主管室为机构或企业主管人员的办公场所，具有个人办公、接待等功能，宜设在办公楼内少受干扰的尽端位置，室内通常设接待用椅或放置沙发、茶几的接待区（见图10-28）。

本案例的工作空间为专业性办公空间，以设计为主，兼顾业务、施工、造价、管理等部门，考虑实用性与功能要求，空间布局分为设计部、工程部、业务部、

图10-28 办公空间注重实用性，良好的采光，木质的资料架搭配黑白色的办公桌椅，体现空间的现代感

图10-26 专业工作空间布局合理，功能多样、光线充足，满足日常工作、交流、讨论等功能

图10-29 经理室设计极具个性，蓝色的墙面、色彩跳跃的装饰画、柔软布艺沙发和灰色地毯，让人在紧张的工作中得到放松

图10-27 工作空间设计

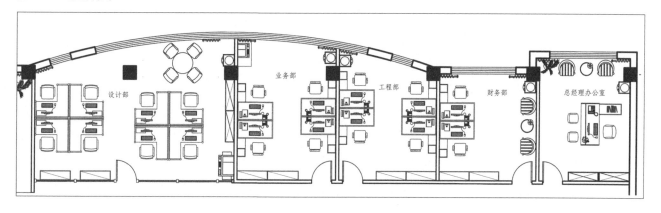

财务部和总经理办公室五个部分（见图10-29）。

（1）绘制设计部工作区墙体构造

使用矩形【REC】、直线【L】、偏移【O】、修剪【TR】命令按合计要求绘制设计部墙体构造（见图10-30）。

（2）绘制其他部分工作区域墙体构造

使用矩形【REC】、直线【L】、偏移【O】、修剪【TR】命令根据设计要求绘制工程部，业务部，财务部，总经理办公室墙体构造（见图10-31）。

（3）布置工作区域家具图块

使用打开【Ctrl+O】命令打开本书提供的"素材\第10章\办公空间家具图例.dwg"文件。选择办公桌、休闲桌椅、植物、边柜、高柜、窗帘组合等图块，复制、粘贴到各个工作区域合适位置，工作区域绘制完毕。

10.3.3 绘制服务区域平面布置图

服务区域是现代办公空间有机的组成部分。现代办公空间设计越来越人性化，很多公司常常会给员工设置短暂休息和交谈的空间环境，如休闲区或休息区（见图10-32）；此外还会考虑员工就餐、生活、卫生服务问题，设计办公空间时会在服务空间中设置员工餐厅、茶

图10-32 休闲区空间舒适怡人，造型独特的休闲椅，明亮的黄色带给人轻松愉快的心情

图10-33 小型员工餐厅布局合理，家具线条明朗，营造明快清新的风格

图10-30 绘制设计部墙体构造（单位：mm）

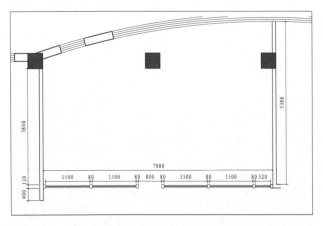

图10-31 根据设计要求绘制工程部、业务部、财务部、总经理办公室墙体构造（单位：mm）

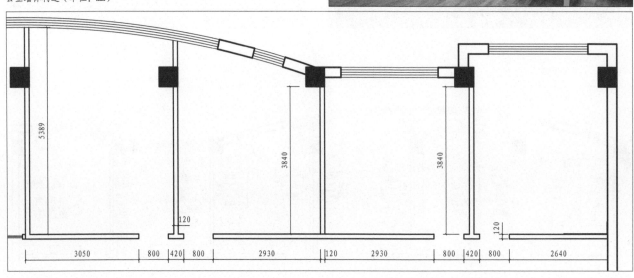

水间、卫生间等（见图10-33）。

本案例根据企业需求，考虑员工就餐、休息和交谈、生活、卫生服务等问题，服务空间设置吧台、休息区兼交流区、卫生间（见图10-34）。

（1）绘制吧台

① 使用直线【L】命令利用柱子结构绘制吧台。

② 使用打开【Ctrl+O】命令打开本书提供的"素材\第10章\办公空间家具图例.dwg"文件。选择沙发组合、休闲桌椅、植物、边柜、窗帘组合等图块，复制、粘贴到休息区区域内合适位置，休息区绘制完毕。

（2）绘制卫生间

① 使用矩形【REC】命令、直线【L】命令、偏移【O】命令、修剪【TR】命令按尺寸要求绘制卫生间墙体、厕位及洗手台等构造（见图10-35）。

② 使用打开【Ctrl+O】命令打开本书提供的"素材\第10章\办公空间家具图例.dwg"文件。选择门、洗脸池、小便器、蹲便器、拖把池等图块，复制、粘贴到卫生间平面布置图区域内，卫生间绘制完毕。

10.3.4 绘制文字标注

为图纸做进一步的设计说明，使用多行文字【T】命令，在绘图区中指定文字输入区域的对角点；在弹出的在位编辑框中输入文字标注"门厅"。在"文字格式"工具栏中单击"确定"按钮，即可完成文字标注的操作。重复操作，绘制其他区域的文字标注。

10.3.5 标注室内立面索引符号

使用打开【Ctrl+O】命令打开本书提供的"素材\第10章\办公空间家具图例.dwg"文件，选择室内立面索引符号图块，复制、粘贴到平面布置图合适的位置。在操作过程中，若符号方向不符，则调用旋转【RO】命令纠正；若标号不符，则将图块分解，然后编辑文字。

图10-35 绘制卫生间墙体墙体、厕位及洗手台等构造（单位：mm）

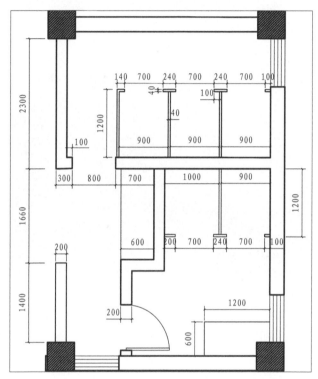

图10-34 服务空间设置吧台、休息区兼交流区、卫生间等

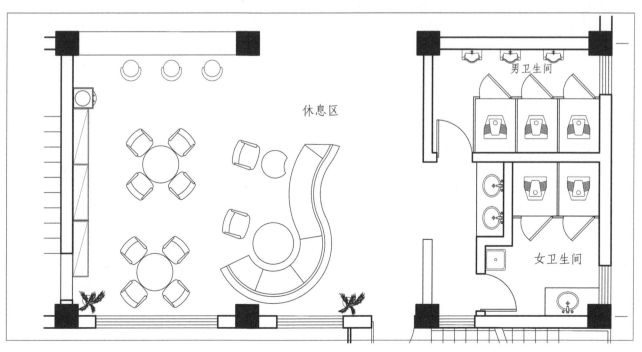

10.4 绘制办公空间地面铺装图

办公空间的地面应考虑尽可能减少行走时的噪声，管线铺设与电话、电脑等设备的连接问题。可考虑在办公空间地面使用优质塑胶类地板，这类材料装饰效果好，造型容易，色彩及图案选择范围广（见图10-36）；还可以根据办公室的性质选择使用木地板，这类材料耐脏，清洁简单，铺设施工简单且施工速度快（见图10-37）；办公空间也可以选择图案变化小、颜色素雅的地毯（见图10-38）。

图10-36 办公空间使用优质塑胶类地板

图10-37 大面积铺装的木地板质感自然，给人朴素、温暖之感

图10-38 办公空间也可以选择图案变化小、颜色素雅的地毯

图10-39 案例地面铺装材料设计（单位：mm）

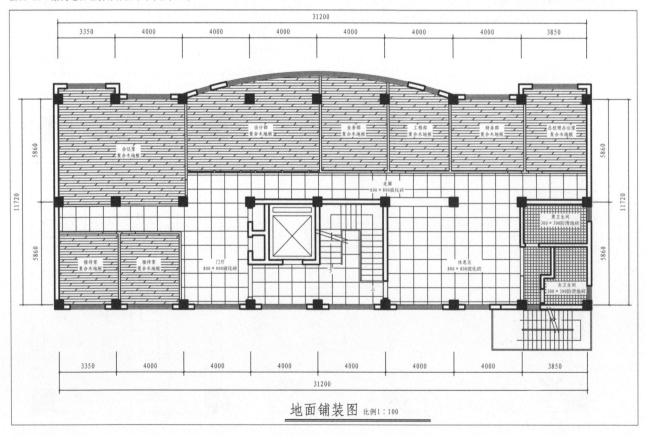

地面铺装图 比例1：100

本案例中门厅、走道、休息区地面铺装材料为800mm×800mm的玻化砖，接待室、会议室、各类办公室铺设实木地板，卫生间铺设300mm×300mm的防滑砖（见图10-39）。

（1）整理图形

使用复制【CO】命令复制一份平面布置图放置在右侧适当位置；使用删除【E】命令删除平面布置图上的室内家具等内容；使用直线【L】命令封闭不同填充区域（见图10-40）。

（2）文字说明标注

① 使用图层【LA】命令，将"文字"图层设置为当前图层。

② 使用复制【CO】命令、文字编辑【ED】命令，复制、修改文字，按设计要求标注地面材料与材料规格。

③ 使用文本编辑【ED】命令或用鼠标左键双击图名，修改图名为"地面铺装图"（见图10-41）。

（3）设置图层

使用图层【LA】命令，设置"填充"图层为当前图层。

（4）铺设玻化砖材质。

门厅、过道、休息区地面铺设玻化砖材质。使用图案填充【H】命令，设置填充参数为：用户定义"USER"，"双"，间距800（见图10-42）。

（5）铺设复合木地板

接待室、会议室、各类办公室铺设复合木地板材质。使用图案填充【H】命令，设置填充参数为：图案"DOLMIT"，角度0°，比例600（见图10-43）。

（6）铺设防滑砖材质

卫生间区域铺设防滑砖材质。使用图案填充【H】命令，设置填充参数为：图案"ANGLE"，角度0°，比例600（见图10-44）。

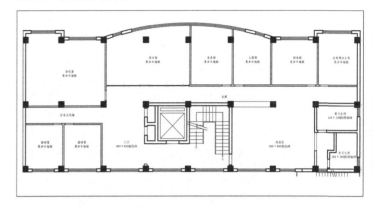

图10-41　文字注释（单位：mm）

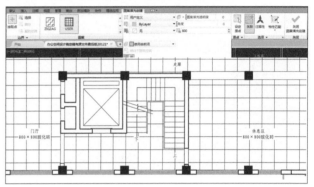

图10-42　门厅、过道、休息区铺设玻化砖（单位：mm）

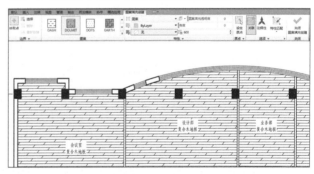

图10-43　接待室、会议室、各类办公室铺设复合木地板（单位：mm）

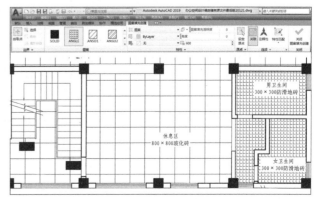

图10-44　卫生间区域铺设防滑砖（单位：mm）

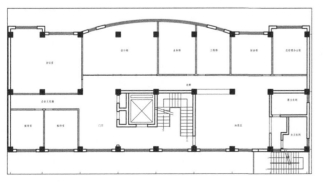

图10-40　使用直线【L】命令封闭不同填充区域

图10-45 空间顶部采用纸面石膏板制作平面式吊顶，构造简洁，外观大方

图10-46 吸声功能的矿棉石膏板是顶面常采用的材料

10.5 绘制办公空间顶棚平面图

办公空间营造的是一种严谨、舒适的气氛，简洁感是办公空间顶棚设计的基本要求。设计时应考虑在合理、科学的隐蔽建筑梁、各种线路、各种管道的前提下，尽量提升地面至天花顶面的空间高度，以增大整体的空间面积。办公空间顶面常用具有吸声功能的矿棉石膏板、塑面穿孔吸声铝合金板、纸面石膏板等材料（见图10-45和图10-46）。

本案例中公共空间顶部采用石膏板制作吊顶，以保持空间高度，避免压抑感，工作区域采用600mm×600mm矿棉板吊顶，卫生间采用铝扣板吊顶。接待室、会议室、总经理办公室布置灯带、筒灯、射灯、吸顶灯；工作区域考虑光照布置栅格灯，走道与休闲区域布置筒灯；卫生间布置排气扇与防雾筒灯。本案例顶部造型简洁，光照合理，符合办公空间顶面设计的要求（见图10-47）。

10.5.1 绘制办公空间顶部墙体结构

顶棚平面图可在地面铺装图的基础上进行绘制，使用复制【CO】命令，将地面铺装图复制一份到图形右边空白处，删除其中地面填充内容。

图10-47 案例顶棚平面图设计（单位：mm）

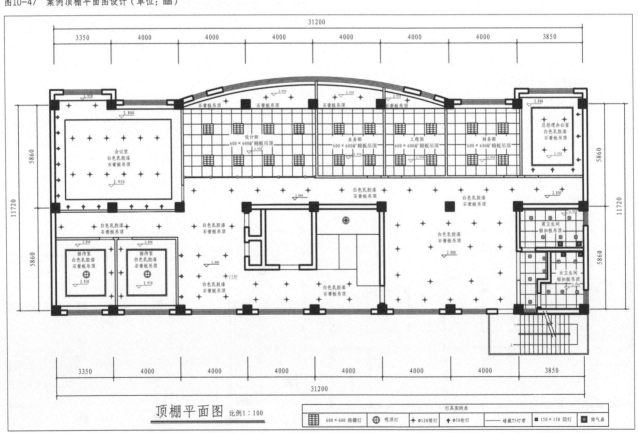

10.5.2　文字说明标注

① 使用图层【LA】命令，将"文字"图层设置为当前图层。

② 使用复制【CO】命令、文字编辑【ED】命令，复制、修改文字，按设计要求标注顶面材料。

③ 使用文字编辑【ED】命令或用鼠标左键双击图名，修改图名为"顶棚平面图"。

10.5.3　绘制办公空间顶部造型

（1）绘制接待室顶部造型

使用矩形【REC】命令、直线【L】命令、偏移【O】命令、修剪【TR】命令按尺寸要求绘制接待室顶部吊顶构造（见图10-48）。

（2）绘制会议室、总经理办公室顶部造型

使用同样方法绘制会议室、总经理办公室顶部造型（见图10-49和图10-50）。

（3）绘制办公区顶部造型

办公室的顶面使用600×600矿棉板吊顶。使用直线【L】命令封闭办公区域顶部；使用图案填充【H】命令，设置填充参数为：用户定义"USER"，"双"，间距600（见图10-51）。

10.5.4　布置灯具

（1）设置"灯具"图层为当前图层

使用图层【LA】命令，新建"灯具"图层并设置为当前图层。

（2）绘制灯带

使用偏移【O】命令将吊顶构造向外偏移60mm，修改线型为DASH。

（3）布置灯具

使用打开【Ctrl+O】命令打开本书提供的"素材\第10章\办公空间家具图例.dwg"文件，选择筒灯、射灯、吸顶灯灯具图例，复制、粘贴到办公空间设计图纸顶面图合适的位置，灯具布置完毕。

（4）绘制灯具图例说明

使用直线【L】直线命令或插入表格【TB】命令绘制表格，将灯具图例置入表格中，输入对应的文字说明。

10.5.5　绘制标高

使用打开【Ctrl+O】命令打开本书提供的"素材\第10章\办公空间家具图例.dwg"文件，选择标高图例，复制、粘贴到办公空间设计图纸顶棚平面图合适的位置并注写数值。

图10-48　绘制接待室吊顶构造（单位：mm）

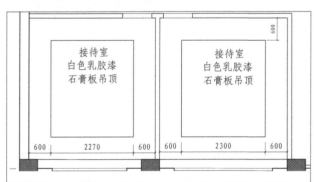

图10-49　绘制会议室吊顶构造（单位：mm）

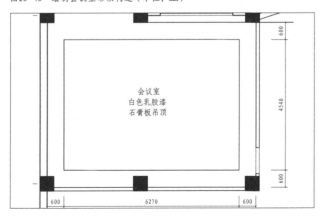

图10-50　绘制总经理办公室吊顶构造（单位：mm）

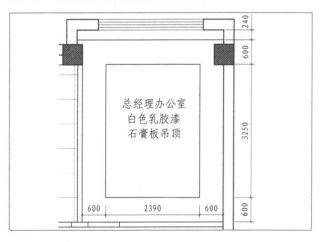

图10-51　绘制办公区顶棚材料

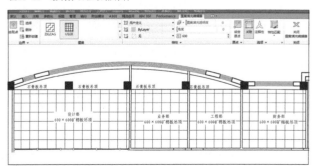

10.6 绘制办公空间立面图

10.6.1 设计分析

办公空间的立面处于室内视觉感受较为显要的位置，造型和色彩等方面的处理仍以淡雅为宜，以利于营造合适的办公氛围。常用浅色系列乳胶漆涂刷，也可以使用墙纸（见图10-52）；有的装饰标准较高的办公室也可用木制板材或金属吸声板做墙面装饰（见图10-53）。

本案例立面主要绘制会议室A立面图，通过绘制吊顶造型，墙形态和墙面装饰，装饰柜与休闲沙发立面形态，标示装饰材料及装饰尺寸等完成立面图绘制，立面造型简洁且富有美感（见图10-54）。

10.6.2 会议室A立面图绘制

（1）新建图层

使用图层【LA】命令新建"立面"图层，设置"立面"图层为当前图层。

（2）整理平面图形

使用复制【CO】命令，移动复制会议室A立面的平面部分到立面图绘制区域，整理图形（见图10-55）。

（3）绘制外框墙体

利用正投影法原理，使用直线【L】命令，绘制竖向墙、柱、窗等定位线（见图10-56）。

图10-52 办公空间的立面使用墙纸装饰

图10-53 装饰标准较高的办公室也可用木制板材

图10-54 绘制会议室A立面图（单位：mm）

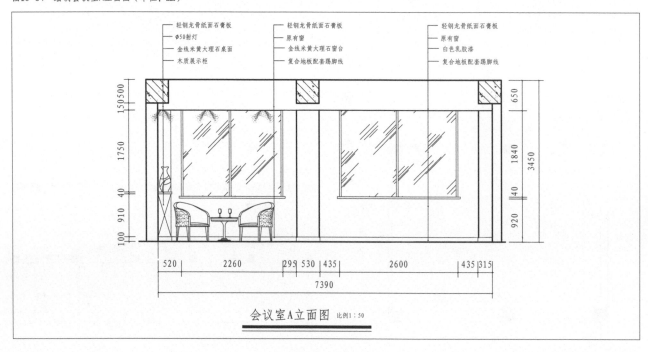

会议室A立面图 比例1:50

（4）绘制立面结构

使用直线【L】、偏移【O】、修剪【TR】命令按照尺寸绘制吊顶、柱、窗等结构（见图10-57）。

（5）布置立面家具

使用打开【Ctrl+O】命令打开本书提供的"素材\第10章\办公空间设计家具图例.dwg"文件，选择休闲桌椅、花瓶、植物、射灯图块，复制、粘贴至会议室A立面图中合适的位置（见图10-58）。

（6）绘制标注和文字说明

将"标注"图层设置为当前图层，使用线性标注【DLI】命令和连续标注【DCO】命令对图形进行标注。

将"文字"图层设置为当前图层，使用多重引线【MLD】命令绘制文字说明。使用多行文字【T】命令创建图名文字及比例。

至此，会议室A立面图绘制完毕，按Ctrl+S组合键进行保存。

图10-55　整理平面图形

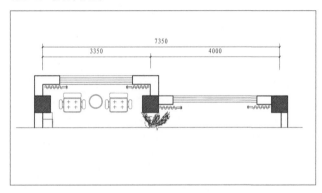

图10-57　绘制吊顶、柱、窗等立面结构（单位：mm）

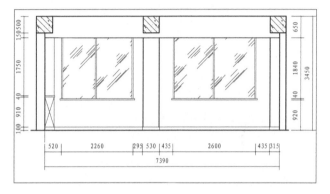

图10-56　利用正投影法原理绘制立面墙体结构（单位：mm）

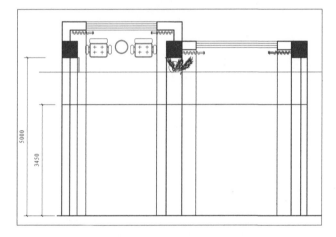

图10-58　绘制家具立面结构（单位：mm）

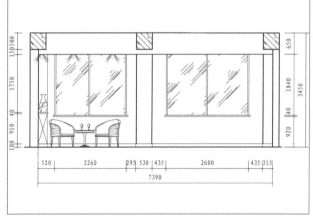

思考与延伸

1. 办公空间的功能如何区分？

2. 办公空间不同区域设计要点有哪些？

3. 办公空间地面铺装图如何绘制？

4. 绘制办公空间顶棚平面图时应注意什么？

附录 AutoCAD常用快捷键

1. 基本操作

AP（APPLOAD）：加载/卸载应用程系

Ctrl+B：栅格捕捉模式控制（F9）

Ctrl+C：将选择的对象复制到剪切板上

Ctrl+F：对象自动捕捉控制（F3）

Ctrl+G：栅格显示模式控制（F7）

Ctrl+J：重复执行上一步命令

Ctrl+K：超级链接

Ctrl+N：新建图形文件

Ctrl+O：打开图像文件

Ctrl+P：打开打印对话框

Ctrl+S：保存文件

Ctrl+U：极轴模式控制（F10）

Ctrl+V：粘贴剪贴板上的内容

Ctrl+W 对象追踪模式控制（F11）

Ctrl+X：剪切所选择的内容

Ctrl+Y：重做

Ctrl+Z：取消前一步的操作

Ctrl+1：打开特性对话框

Ctrl+2：打开设计中心

Ctrl+6：打开数据库连接管理器

EXIT（QUIT）：退出

EXP（EXPORT）：输出数据

F1：获取帮助

F2：实现作图窗和文本窗口的切换

F3：控制是否实现对象自动捕捉

F4：数字化仪控制

F5：等轴测平面切换

F6：控制状态行上坐标的显示方式（动态UCS控制）

F7：栅格显示模式控制

F8：正交模式控制

F9：栅格捕捉模式控制

F10：极轴模式控制

F11： 对象追踪式控制

IMP（IMPORT）：输入文件

MA（MATCHPROP）：对象特性匹配

MO（PROPERTIES）：特性工具板

MV（MVIEW）：图纸空间中绘制的对象转换为视口

OP（OPTIONS）：选项工具板

PRE（PREVIEW）：打印预览

PRINT（PLOT）：打印

PU（PURGE）：清除垃圾

RE（REDRAW）：重新生成

REN（RENAME）：重命名

2. 格式命令

ATT（ATTDEF）：属性定义

ATE（ATTEDIT）：编辑属性

BO（BOUNDARY）： 边界创建，包括创建闭合多段线和面域

COL（COLOR）：设置颜色

D（DIMSTYLE）：标注样式管理器

LA（LAYER）：图层特性管理器

LO（–LAYOUT）：创建并修改图形布局选项卡

LT（LINETYPE）：线型管理器

LTS（LTSCALE）：设置全局线型比例因子

LW（LWEIGHT）：设置线宽

MLSTYLE：多线样式

MLS（MLEADERSTYLE）：多重引线样式

ST（STYLE）：设置文字样式

SP（SPELL）：拼写检查

TS（TABLESTYLE）：表格样式

UN（UNITS）：图形单位

3. 辅助绘图类命令

AA（AREA）：测量面积和周长

DI（DIST）：测量距离

OS（OSNAP）：设置对象捕捉模式

SE（DSETTINGS）：打开草图设置对话框

SN（SNAP）：捕捉栅格

4、绘图命令

A（ARC）：圆弧

B（BLOCK）：块定义

C（CIRCLE）：圆

DO（DONUT）：圆环

DT（DTEXT）：单行文本的设置

DIV（DIVIDE）：定数等分

EL（ELLIPSE）：椭圆

H（BHATCH）：图案填充

I（INSERT）：插入块

L（LINE）：直线

ME（MEASURE）：定距等分

ML（MLINE）：多线

POL（POLYGON）：正多边形

PO（POINT）：点

PL（PLINE）：多段线

RAY：射线

REC（RECTANGLE）：矩形

REG（REGION）：面域

SO（SOLID）：实心多边形

SPL（SPLINE）：样条曲线

T（MTEXT）：多行文本

TB（TABLE）：插入表格

XL（XLINE）：构造线

W（WBLOCK）：写块

5. 编辑修改命令

AL（ALIGN）：对齐

AR（ARRAY）：阵列

BR（BREAK）：打断

CHA（CHAMFER）：倒角

CO（COPY）：复制

E（ERASE）：删除

ED（TEXTEDIT）：编辑文字

EX（EXTEND）：延伸

F（FILLET）：圆角

DI（DIST）：测量两点间的距离

LEN（LENGTHEN）：拉长

M（MOVE）：移动

MI（MIRROR）：镜像

O（OFFSET）：偏移

PE（PEDIT）：多段线编辑

RO（ROTATE）：旋转

S（STRETCH）：拉伸

SC（SCALE）：缩放

TR（TRIM）：修剪

U（UNDO）：放弃命令操作

X（EXPLODE）：分解

6. 视窗缩放：

P（PAN）：平移

V（VIEW）：视图管理器

Z（ZOOM）：缩放

7、尺寸标注：

DAL（DIMALIGNED）：对齐标注

DAN（DIMANGULAR）：角度标注

DBA（DIMBASELINE）：基线标注

DCO（DIMCONTINUE）：连续标注

DCE（DIMCENTER）：中心标注

DDI（DIMDIAMETER）：直径标注

DED（DIMEDIT）：编辑标注

DLI（DIMLINEAR）：直线标注

DOR（DIMORDINATE）：点标注

DOV（DIMOVERRIDE）：替换标注系统变量

DRA（DIMRADIUS）：半径标注

LE（QLEADER）：快速引出标注

TOL（TOLERANCE）：标注形位公差

参考文献

[1] 冯柯. 室内设计原理. 北京：北京大学出版社，2010.

[2] 周昕涛，陈悦. 商业零售空间室内设计. 北京：化学工业出版社，2014.

[3] 程瑞香. 室内与家具设计人体工程学. 北京：化学工业出版社，2016.

[4] 贺爱武，贺剑平. 室内设计. 北京：北京理工大学出版社，2016.

[5] 彭彧，冯源. 室内设计初步. 北京：化学工业出版社，2014.

[6] 肖璇，董晓旭，白雪. 商业空间设计. 石家庄：河北美术出版社，2014.

[7] 甘诗源，吴懿. 办公空间室内设计. 石家庄：河北美术出版社，2014.

[8] 文健. 厨卫空间设计与表现. 北京：清华大学出版社，2012.

[9] 杨京玲，周源，张波. 装饰制图与识图. 南京：东南大学出版社，2014.

[10] 李传刚，尹兵，黄侃. 装饰制图. 北京：清华大学出版社，2014.

[11] 聂立武，齐亚丽，李东侠. 建筑装饰制图. 北京：北京理工大学出版社，2015.

[12] 赵亚军. 建筑装饰装修工程施工图. 北京：清华大学出版社，2013

[13] 齐亚丽，田雷，王雪莹. 建筑装饰设计原理. 北京：北京理工大学出版社，2015.

[14] CAD辅助设计教育研究室. 中文版AutoCAD2016室内设计从入门到精通. 北京：人民邮电出版社，2017.

[15] CAD/CAM/CAE技术联盟. AutoCAD室内装潢绘图实例大全. 北京：清华大学出版社，2016.

[16] CAD/CAM/CAE技术联盟. AutoCAD2016中文版室内装潢设计自学视频教程. 北京：清华大学出版社，2017.

[17] 贾燕. AutoCAD2016中文版室内装潢设计从入门到精通. 北京：人民邮电出版社，2017.

[18] 张传记，陈松焕. AutoCAD2014室内装饰装潢全程范例培训手册. 北京：清华大学出版社，2014.

[19] 唐家鹏. AutoCAD2012室内装饰装潢设计从入门到精通. 北京：清华大学出版社，2012.

[20] 张日晶. AutoCAD2016中文版室内设计应用案例精解. 北京：清华大学出版社，2017.

[21] 李波. 轻松学AutoCAD2015室内装潢工程制图. 北京：电子工业出版社，2015.

[22] 时代印象. 中文版AutoCAD2013全套室内装潢设计典型实例. 北京：人民邮电出版社，2013.

[23] 史宇宏，教传艳. 边用边学AutoCAD室内设计. 北京：人民邮电出版社，2013.

[24] 陈小青. 室内设计常用资料集. 北京：化学工业出版社，2014

[25] 张绮曼，郑曙. 室内设计资料集. 北京：中国建筑工业出版社，1991.

[26] 中华人民共和国住房和城乡建设部. 房屋建筑室内装饰装修制图标准. 北京：中国建筑工业出版社，2011.